CBAC

TGAU
Gwyddoniaeth

Llyfr Labordy ar gyfer
Gwaith Ymarferol Penodol

David Johnston, Adrian Schmit,
Matt Shooter, Roger Wood

HODDER
EDUCATION
AN HACHETTE UK COMPANY

CBAC TGAU Gwyddoniaeth: Llyfr Labordy i Ddisgyblion ar gyfer Gwaith Ymarferol Penodol
Addasiad Cymraeg o *WJEC GCSE Science: Specified Practicals Lab Book*

Ariennir yn Rhannol gan **Lywodraeth Cymru**
Part Funded by **Welsh Government**

Cyhoeddwyd dan nawdd Cynllun Adnoddau Addysgu a Dysgu CBAC

Gwnaed pob ymdrech i gysylltu â deiliaid hawlfraint. Os cânt eu hysbysu, bydd y Cyhoeddwyr yn falch o gywiro unrhyw wallau neu hepgoriadau ar y cyfle cyntaf.

Er y gwnaed pob ymdrech i sicrhau bod cyfeiriadau gwefannau yn gywir adeg mynd i'r wasg, nid yw Hodder Education yn gyfrifol am gynnwys unrhyw wefan y cyfeirir ati yn y llyfr hwn. Weithiau mae'n bosibl dod o hyd i dudalen we a adleolwyd trwy deipio cyfeiriad tudalen gartref gwefan yn ffenestr LIAU (URL) eich porwr.

Archebion: Cysylltwch â Bookpoint Ltd, 130 Milton Park, Abingdon, Oxon OX14 4SB. Ffôn: (44) 01235 827720. Ffacs: (44) 01235 400454. Mae'r llinellau ar agor rhwng 9.00 a 17.00 o ddydd Llun i ddydd Sadwrn, gyda gwasanaeth ateb negeseuon 24 awr. Gallwch hefyd archebu trwy wefan Hodder Education: www.hoddereducation.co.uk.

ISBN 978 1 3983 1012 4

© David Johnston, Adrian Schmit, Matt Shooter, Roger Wood, 2019 (Yr argraffiad Saesneg)

Cyhoeddwyd gyntaf yn 2019 gan
Hodder Education
An Hachette UK Company,
Carmelite House, 50 Victoria Embankment
London EC4Y 0DZ

© CBAC 2020 (yr argraffiad Cymraeg hwn ar gyfer CBAC)

Teiposodwyd mewn Helvetica Neue Light 11/13 gan Aptara, Inc.

Argraffwyd yn y DU gan CPI Group Ltd.

Mae cofnod catalog y teitl hwn ar gael gan y Llyfrgell Brydeinig.

MIX
Paper from responsible sources
FSC
www.fsc.org
FSC™ C104740

Cynnwys

Wedi'i gwblhau

FFISEG

Mae'r sêr* yn dynodi'r gwaith ymarferol sydd ar gyfer y gwyddorau unigol yn unig.

Sut i ddefnyddio'r llyfr hwn

Bydd y llyfr hwn yn eich helpu chi i gadw cofnod o'r gwaith ymarferol penodol rydych chi wedi'i gwblhau, yn ogystal â'ch canlyniadau a'ch casgliadau. Mae'n ymdrin â'r manylebau canlynol:

- CBAC TGAU Gwyddoniaeth (Dwyradd)
- CBAC TGAU Bioleg
- CBAC TGAU Cemeg
- CBAC TGAU Ffiseg

Strwythur gwaith ymarferol

Cwblhau'r gwaith ymarferol

Ar ddechrau'r gwaith ymarferol, mae paragraff byr sy'n cyflwyno'r cyd-destun. Mae'n esbonio hefyd sut mae'r wyddoniaeth sy'n sail i'r gwaith ymarferol yn berthnasol i'r cwrs yn gyffredinol, a ffyrdd o'i defnyddio yn y byd go iawn. Mae **rhifau tudalennau** hefyd wedi'u rhoi i'ch cyfeirio at wybodaeth bellach yng ngwerslyfrau CBAC TGAU Bioleg, Cemeg a Ffiseg.

Mae **nod** y gwaith ymarferol wedi'i esbonio, ynghyd â rhestr o'r **cyfarpar** sydd ei angen. Bydd eich athro yn rhoi gwybod a yw'r holl gyfarpar ar gael, ac a oes angen addasu'r dull o ganlyniad i hynny.

Cyn dechrau, mae'n rhaid i chi ddarllen a deall y nodiadau **iechyd a diogelwch** a chymryd unrhyw ragofalon sydd eu hangen. Ar ôl i chi gynnal asesiad risg, dylech chi wirio â'ch athro ei bod hi'n iawn i chi ddechrau gweithio drwy'r **dull**.

Mae'r dull yn rhoi cyfarwyddiadau cam wrth gam ar gyfer y gwaith ymarferol; darllenwch y dull o leiaf unwaith cyn dechrau. Pan fyddwch chi wedi deall popeth, gallwch chi ddilyn y camau i gwblhau'r gwaith ymarferol. Efallai bydd **awgrymiadau** yno i'ch helpu chi â rhai camau.

Cwestiynau ac atebion

Yn dilyn y gwaith ymarferol, mae adran **arsylwadau** i gofnodi eich canlyniadau; efallai hoffech chi ddefnyddio papur ar wahân i wneud gwaith cyfrifo ychwanegol. Mae cwestiynau strwythuredig wedi'u cynnig i'ch helpu chi wrth ysgrifennu **casgliadau** a **gwerthusiadau** ar gyfer y gwaith ymarferol.

Mae **cwestiynau enghreifftiol** yn cyd-fynd â'r gwaith ymarferol. Gall eich athro benderfynu gosod y cwestiynau hyn yn y wers ei hun neu eu defnyddio rywbryd arall.

Iechyd a diogelwch

Mae canllawiau iechyd a diogelwch wedi'u rhoi ar gyfer y gwaith ymarferol i'ch helpu chi i gwblhau'r arbrawf yn ddiogel. Fodd bynnag, mae gan ysgolion ddyletswydd ac ymrwymiad cyfreithiol o hyd i gynnal eu hasesiadau risg eu hunain ar gyfer pob enghraifft o waith ymarferol yn unol â gofynion iechyd a diogelwch lleol.

Termau allweddol

Termau allweddol a diffiniadau i'ch helpu chi i ddeall geirfa sy'n berthnasol i'r gwaith ymarferol.

Hafaliadau allweddol

Hafaliadau sydd eu hangen arnoch wrth ganfod canlyniadau neu ateb cwestiynau'r gwaith ymarferol. Efallai na fydd rhai o'r hafaliadau mwyaf cyfarwydd wedi'u cynnwys, yn union fel papur arholiad. Mae rhestr lawn o hafaliadau ar gael ar dudalennau 132–134, sydd hefyd yn nodi a fydd yr hafaliad wedi'i ddarparu yn yr arholiad ai peidio.

Cyfleoedd mathemateg

Cyfleoedd i roi sylw i sgiliau mathemateg. Dim ond y sgiliau mwyaf perthnasol i'r gwaith ymarferol fydd wedi'u rhestru fel arfer, ond efallai bydd rhai mân sgiliau yn cael sylw hefyd.

Awgrymiadau

Mae'r rhain yn rhoi cyngor i chi; er enghraifft, argymell sut i gwblhau'r gwaith ymarferol neu ateb cwestiynau penodol.

Nodiadau

Pwyntiau allweddol i'ch helpu chi, er enghraifft, os oes dewisiadau eraill ar gael yn lle'r dull neu'r cyfarpar sydd wedi'u rhoi.

Mae'r atebion ar gael ar-lein yn **www.hoddereducation.co.uk/CBACTGAULlyfrLabordy**

Mae'r llyfr cyfatebol i athrawon ar gael yn **www.hoddereducation.co.uk/CBACTGAULlyfrLabordyIAthrawon**

Sut byddwch chi'n cael eich asesu

Mae disgwyl i bawb sy'n astudio CBAC TGAU Gwyddoniaeth gwblhau'r arbrofion hyn fel rhan o'r cwrs gwyddoniaeth ehangach. Byddwch chi'n cael eich asesu ar eich gallu i gwblhau amrywiaeth o waith ymarferol penodol mewn cwestiynau arholiad a hefyd wrth wneud tasgau ymarferol yn yr ysgol.

Mae'n bwysig nodi **nad** yw'r arholiadau wedi'u cyfyngu i ofyn cwestiynau am y tasgau ymarferol penodol hyn, a'u bod nhw yn hytrach wedi'u dylunio i ganolbwyntio ar sgiliau ymchwilio. Felly, gallai'r arholiad brofi eich gallu i ddefnyddio'r wybodaeth ymarferol mewn cyd-destunau anghyfarwydd.

Gwnewch yn siŵr eich bod chi'n cadw'r llyfr labordy hwn yn ddiogel oherwydd gallai fod yn adnodd defnyddiol wrth adolygu.

Asesiad ymarferol

Yn ogystal â chwestiynau arholiad, byddwch chi hefyd yn cael eich asesu'n benodol ar eich gallu i gwblhau'r gwaith ymarferol penodol. Mae hyn yn werth 10% o'r cymhwyster Dwyradd (60 marc) a 10% o'r gwyddorau unigol (30 marc ym mhob pwnc). Fel arfer, bydd yr asesiadau ymarferol hyn yn digwydd yn ystod blwyddyn olaf eich astudiaethau ac yn cael eu cynnal yn eich ysgol, ond bydd CBAC yn marcio'r tasgau'n allanol.

Gwyddoniaeth (Dwyradd)

Bydd CBAC yn darparu tair tasg yn seiliedig ar gynnwys TGAU Gwyddoniaeth (Dwyradd). Bydd un dasg yr un ar gyfer Bioleg, Cemeg a Ffiseg.

Dim ond dwy dasg mae angen i chi eu cyflwyno felly bydd eich ysgol yn dewis pa ddwy i'w cynnal.

Gwyddorau unigol (Bioleg, Cemeg a Ffiseg)

Ar gyfer pob pwnc, bydd CBAC yn darparu dwy dasg yn seiliedig ar gynnwys pob gwyddor unigol (efallai byddwch chi'n astudio un, dwy neu dair ohonyn nhw).

Ar gyfer pob pwnc, dim ond un dasg bydd angen i chi ei chyflwyno felly bydd eich ysgol yn dewis pa un i'w chynnal. Cofiwch, os ydych chi'n astudio tair gwyddor unigol, bydd angen i chi gyflwyno tair tasg i gyd (un ar gyfer pob pwnc).

Fformat y tasgau

Mae dwy adran i bob tasg, ac mae pob tasg yn werth cyfanswm o 30 marc.

Adran A: Cael canlyniadau (6 marc)

Adran B: Dadansoddi a gwerthuso canlyniadau (24 marc)

Adran A

Gallwch chi weithio mewn grwpiau o dri ar y mwyaf, er mwyn cael canlyniadau gan ddefnyddio'r dull sydd wedi'i roi. Gallwch chi weithio gyda disgyblion eraill i gael eich canlyniadau, ond rhaid i chi ddarparu eich atebion eich hun i'r cwestiynau. Ni fydd eich athro yn gallu eich helpu chi oni bai bod eich cyfarpar yn methu; os yw hyn yn digwydd, dylech chi roi gwybod i'ch athro ar unwaith. Bydd Adran A yn cael ei chwblhau mewn un sesiwn sy'n para 60 munud.

Adran B

Yn Adran B, byddwch chi'n cael eich asesu ar eich gallu i ddadansoddi a gwerthuso'r data a gawsoch chi yn Adran A. Ar gyfer yr adran hon, rhaid i chi weithio ar eich pen eich hun heb help gan eich athro, dan oruchwyliaeth ffurfiol. Bydd Adran B hefyd yn cael ei chwblhau mewn un sesiwn sy'n para 60 munud.

Asesiadau risg

Bydd angen i chi gynnal asesiad risg cyn gwneud unrhyw waith ymarferol – yn yr asesiad ymarferol ffurfiol ei hun ac wrth gynnal unrhyw arbrawf. Mae'r asesiad risg yn hanfodol er mwyn sicrhau bod y gwaith ymarferol yn cael ei gynnal yn ddiogel. Gallwch chi ddefnyddio'r blychau iechyd a diogelwch yn y llyfr labordy hwn i'ch helpu, ond dylech chi ymarfer eu hysgrifennu nhw ar eich pen eich hun gan na fyddwch chi'n cael help i'w cwblhau nhw yn yr asesiad ymarferol ffurfiol.

Mae cynllun asesiad risg cyffredin i'w weld isod:

Perygl	Risg	Mesur rheoli

Gallai asesiad risg wedi'i gwblhau edrych fel hyn:

Perygl	Risg	Mesur rheoli
Mae sodiwm carbonad (**enw**) yn llidus (**natur**)	Mae powdr yn gallu tasgu wrth gael ei wresogi (**achos**) a chael ei anadlu i mewn gan achosi llid (**effaith**)	Gwisgo cyfarpar amddiffyn y llygaid (**atal**) Pwyntio'r tiwb oddi wrth bobl wrth ei wresogi (**atal**) Os bydd problemau anadlu'n digwydd, gadael y labordy a mynd i le sydd â digon o awyr iach (**triniaeth**)
Mae dŵr poeth (**enw**) yn gallu llosgi'r croen (**natur**)	Mae dŵr poeth yn gallu mynd ar y croen wrth arllwys y dŵr (**achos**) gan losgi'r croen (**effaith**)	Gwisgo cyfarpar amddiffyn y llygaid (**atal**) Dal y bicer yn y top (**atal**) Os yw dŵr poeth yn llosgi'r croen, rhoi'r man sydd wedi'i losgi o dan ddŵr oer sy'n rhedeg am 5 munud (**triniaeth**)

Awgrymiadau o ran cwblhau'r asesiad risg:

- Dylai'r golofn **Perygl** nodi **enw'r** perygl a'i **natur**.
- Dylai'r golofn **Risg** nodi unrhyw beth a allai **achosi** i'r risg ddigwydd ac **effaith** bosibl y risg arnoch chi neu ar bobl eraill yn y labordy.
- Dylai'r golofn **Mesur rheoli** gynnwys mesurau **atal** (beth gallwch chi ei wneud i leihau'r risg neu ei rwystro rhag digwydd, fel gwisgo cyfarpar amddiffyn y llygaid, clymu eich gwallt yn ôl, neu olchi eich dwylo ar ôl yr arbrawf) a mesurau **triniaeth** (beth gallwch chi ei wneud os yw'r risg yn digwydd, fel golchi mannau sy'n dod i gysylltiad â chemegion, rhoi llosgiadau o dan ddŵr oer sy'n rhedeg, neu glirio'r ardal o amgylch gwydr sydd wedi torri er mwyn i dechnegydd gael gwared arno'n ddiogel).

Gwaith Ymarferol Penodol 1: Defnyddio microsgop golau i arsylwi celloedd anifeiliaid a chelloedd planhigion

Ar gyfer y gwaith ymarferol hwn, byddwch chi'n paratoi sleidiau microsgop o gelloedd epidermaidd winwnsyn (nionyn) a chelloedd boch, gan ddefnyddio staeniau priodol er mwyn gallu eu gweld nhw o dan ficrosgop golau. Yna, byddwch chi'n cynhyrchu lluniad manwl gywir o rai celloedd o'r ddau fath, ac yn cyfrifo chwyddhad eich lluniadau.

Dydy'r fanyleb ddim yn mynnu eich bod chi'n paratoi eich sleid eich hun ar gyfer y gwaith ymarferol hwn, ond dyma gyfle i ymarfer y sgìl – bydd ei angen yn aml wrth weithio â microsgop.

Nod

Archwilio celloedd anifeiliaid a chelloedd planhigion gan ddefnyddio microsgop golau, a lluniadu diagramau gwyddonol wedi'u labelu ar sail gwaith arsylwi.

Cyfarpar ac adweithyddion

- Winwnsyn
- Cyllell neu gyllell llawfeddyg
- Teilsen wen
- Ffon gwlân cotwm
- Gefel *(forceps)*
- 2 × sleid microsgop
- 2 × arwydryn
- Microsgop golau

- Pibed ddiferu
- Hydoddiant ïodin mewn potel ddiferu
- Staen methylen glas mewn potel ddiferu
- Papur hidlo
- Nodwydd wedi'i mowntio
- Bicer o ddiheintydd

Dull

Rhan A: Epidermis winwnsyn

1 Torrwch y winwnsyn a thynnwch yr haenau ar wahân.
2 Defnyddiwch y gyllell i dorri sgwâr drwy ran o segment winwnsyn.
3 Gan ddefnyddio'r efel, piliwch haen fewnol y gell epidermaidd oddi ar y winwnsyn yn ofalus, fel sydd i'w weld. Mae'r haen epidermaidd (neu'r **epidermis**) yn 'groen' allanol un gell o drwch ar y tu mewn ac ar y tu allan i bob un o haenau'r winwnsyn. Defnyddiwch y tu mewn i haen y winwnsyn ar gyfer y broses hon.

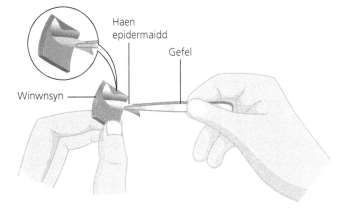

4 Rhowch ddiferyn o ddŵr ar ganol y sleid.
5 Yn ofalus, gosodwch yr haen o epidermis ar y diferyn o ddŵr. Ceisiwch beidio â dal swigod aer o dan y feinwe.
6 Rhowch ddau ddiferyn o hydoddiant ïodin ar y feinwe winwnsyn.
7 Rhowch un o ymylon yr arwydryn ar y sleid, a defnyddiwch nodwydd wedi'i mowntio i ostwng yr ymyl arall ar y sleid. Defnyddiwch bapur hidlo i amsugno unrhyw hylif o amgylch ymyl yr arwydryn.
8 Rhowch y sleid ar lwyfan y microsgop.
9 Arhoswch am ychydig funudau er mwyn gadael i'r llifyn *(dye)* staenio'r celloedd, yna arsylwch y sleid o dan y microsgop.

Mae rhagor o wybodaeth ar gael yng ngwerslyfr **CBAC TGAU Bioleg** ar y tudalennau hyn:

- 1–2: Celloedd planhigion a chelloedd anifeiliaid
- 2–4: Defnyddio microsgop i arsylwi celloedd

Term allweddol

Epidermis: yr haen allanol o gelloedd sy'n gorchuddio organeb.

Iechyd a diogelwch

Dylech chi wisgo sbectol ddiogelwch wrth drin hydoddiant ïodin. Mae methylen glas a hydoddiant ïodin yn gallu bod yn llidus i'r llygaid. Dylech chi hefyd fod yn ofalus wrth ddefnyddio hydoddiant ïodin i osgoi staenio'r croen, dillad neu gyfarpar.

Mae cyllell a chyllell llawfeddyg yn gallu torri'r croen. Torrwch y winwnsyn ar y deilsen, nid yn eich llaw. Peidiwch â thorri tuag at eich bysedd neu eich bawd.

Mae angen bod yn ofalus wrth drin sleidiau microsgop ac arwydrau rhag ofn iddyn nhw dorri, ac er mwyn osgoi'r risgiau sy'n gysylltiedig â darnau miniog o wydr wedi torri.

Ar ôl eu defnyddio, dylech chi gael gwared ar y ffyn gwlân cotwm mewn bicer o ddiheintydd.

Hafaliadau allweddol

$$chwyddhad = \frac{hyd \ y \ lluniad \ o'r \ gell}{hyd \ gwirioneddol \ y \ gell}$$

cyfanswm chwyddhad y microsgop = chwyddhad lens y sylladur × chwyddhad lens y gwrthrychiadur

Cyfleoedd mathemateg

- Lluosi a rhannu
- Amcangyfrif er mwyn barnu maint cymharol

Nodyn

Yng ngham 2, gwnewch yn siŵr eich bod chi'n torri ochr y segment oedd yn wynebu y tu mewn i'r winwnsyn, a bod y sgwâr rydych chi'n ei dorri yn llai na'r arwydryn.

Rhan B: Celloedd boch

1 Rhwbiwch y tu mewn i'ch boch yn ofalus gyda ffon gwlân cotwm.
2 Yn ofalus, taenwch y poer o'r ffon dros eich sleid microsgop.
3 Ychwanegwch ddiferyn neu ddau o ddŵr at y rhan o'r sleid rydych chi wedi taenu'r poer drosti.
4 Rhowch eich ffon gwlân cotwm mewn bicer o ddiheintydd.
5 Defnyddiwch nodwydd wedi'i mowntio i osod arwydryn ar y sleid. Rhowch un o ymylon yr arwydryn ar y sleid a defnyddiwch y nodwydd i ostwng yr arwydryn yn araf.
6 Ychwanegwch ddiferyn o lifyn methylen glas at y sleid microsgop, yn agos at un o ymylon yr arwydryn.
7 Tynnwch y llifyn o dan yr arwydryn drwy ddal darn o bapur hidlo wrth ymyl yr arwydryn, gyferbyn â'r ochr lle mae'r llifyn.
8 Arhoswch am ychydig funudau er mwyn gadael i'r llifyn staenio'r celloedd, yna arsylwch y sleid o dan y microsgop.

Arsylwi a lluniadu

1 Dewiswch lens y gwrthrychiadur â'r pŵer isaf (cyfanswm chwyddhad ×40).
2 Heb edrych drwy'r sylladur, trowch y rheolydd ffocws bras fel bod diwedd lens y gwrthrychiadur bron yn cyffwrdd â'r sleid.
3 Wrth edrych drwy'r sylladur, trowch y rheolydd ffocws bras i gynyddu'r pellter rhwng lens y gwrthrychiadur a'r sleid nes bod y celloedd mewn ffocws.
4 Trowch y rheolydd ffocws manwl nes bod y celloedd i'w gweld yn glir, a defnyddiwch y lens gwrthrychiadur pŵer isel i edrych ar y celloedd.
5 Ar ôl i chi ddod o hyd i rai celloedd, dylech chi newid i ddefnyddio lens gwrthrychiadur pŵer uwch (cyfanswm chwyddhad ×100 neu ×400). Cofiwch edrych o'r ochr, ac nid drwy'r sylladur ei hun, wrth addasu'r lens.
6 Yn yr adran **arsylwadau**, lluniadwch ddiagramau clir, wedi'u labelu, o 4–5 o'r celloedd o bob sleid a'u cydrannau.
7 Gan ddefnyddio'r sylladur graticiwl, mesurwch hyd un o'r celloedd epidermaidd rydych chi wedi'u lluniadu. (Mae angen graddnodi'r microsgop er mwyn i chi wybod beth yw hyd un rhaniad sylladur graticiwl.)
8 Mesurwch hyd yr un gell yn eich lluniad.
9 Cyfrifwch chwyddhad eich lluniad.
10 Ysgrifennwch y chwyddhad o dan eich lluniad.

Awgrym

Mae celloedd boch yn llawer mwy tenau na chelloedd epidermis winwnsyn, ac oherwydd hyn mae'n eithaf anodd dod o hyd iddyn nhw. Cofiwch fod angen ffocysu'r microsgop yn fanwl iawn i'w gweld nhw.

Awgrym

Gallwch chi gyfrifo cyfanswm chwyddhad yr hyn rydych chi'n ei weld fel a ganlyn: pŵer lens y gwrthrychiadur × pŵer lens y sylladur. Fodd bynnag, *nid* dyma fydd chwyddhad eich lluniad.

Bioleg

Arsylwadau

1 Yn y blychau isod, lluniadwch ddiagramau wedi'u labelu o'r celloedd boch a'r celloedd winwnsyn rydych chi wedi'u gweld o dan y microsgop.

Celloedd boch	Celloedd winwnsyn

2 Mae cnewyllyn mewn celloedd anifeiliaid ac mewn celloedd planhigion. Yn yr epidermis winwnsyn, dydy'r cnewyllyn ddim i'w weld ym mhob cell. Awgrymwch reswm dros hyn.

....

....

....

Casgliadau

3 Wrth arsylwi sleid, mae disgybl yn defnyddio lens sylladur ×10 a lens gwrthrychiadur ×20. Beth fydd cyfanswm chwyddhad y ddelwedd mae'n ei gweld?

....

4 Enwch organyn sy'n bodoli mewn celloedd planhigion a hefyd mewn celloedd anifeiliaid, ond sydd ddim i'w weld mewn celloedd boch nac mewn celloedd epidermaidd winwnsyn wrth edrych arnyn nhw o dan ficrosgop golau.

....

Gwerthuso

5 Mae cloroplastau i'w cael mewn llawer o gelloedd planhigion. Awgrymwch pam dydyn nhw ddim i'w cael mewn celloedd epidermaidd winwnsyn.

....

....

....

6 Mae'r disgybl yng nghwestiwn 3 yn lluniadu rhai celloedd. Pam byddai'n anghywir dweud mai'r cyfanswm chwyddhad sydd wedi'i gyfrifo yng nghwestiwn 3 yw chwyddhad y lluniad?

....

....

....

....

Cwestiynau enghreifftiol

1 Mae disgybl yn arsylwi celloedd epidermaidd winwnsyn o dan ficrosgop golau. Mae'r diagram yn dangos y ddelwedd mae'n ei gweld.

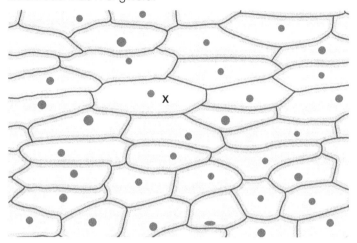

a) Chwyddhad y diagram yw ×200.
Cyfrifwch hyd cell X mewn mm. Dangoswch eich gwaith cyfrifo. [2]

....

....

....

b) Enwch ffurfiad sydd i'w weld yn y diagram ond sydd ddim i'w weld mewn celloedd anifeiliaid. [1]

....

c) Mae'r celloedd yn y diagram wedi cael eu staenio ag ïodin.
Esboniwch pam na fydden ni'n gweld y celloedd hyn heb ddefnyddio staen. [1]

....

ch) Enwch ddau ffurfiad sydd i'w cael mewn celloedd planhigion (ond ddim i'w cael mewn celloedd anifeiliaid) sydd ddim i'w weld yn y diagram. [2]

....

....

2 Mae disgybl yn arsylwi celloedd taten sydd wedi cael eu crafu ar sleid microsgop. Mae gronynnau startsh i'w gweld fel dotiau porffor. Yr unig ffurfiadau eraill sydd i'w gweld yw cnewyll, sydd wedi'u staenio'n frown, a'r cellfuriau, sydd i'w gweld fel border o amgylch pob cell.

a) Beth yw swyddogaeth gronynnau startsh mewn cell planhigyn? [1]

....

b) O'r wybodaeth yn y cwestiwn, pa staen gafodd ei ddefnyddio ar y celloedd hyn? Esboniwch eich ateb. [2]

....

....

c) Enwch organyn sydd i'w gael ym mhob cell planhigyn, ond sydd ddim i'w weld yn y celloedd hyn. [1]

....

ch) Yn y gaeaf, mae'r planhigyn tatws yn marw, gan adael dim ond y tatws o dan ddaear. Y flwyddyn ganlynol, mae coesynnau'n tyfu o ffurfiadau o'r enw 'llygaid' yn y daten i greu planhigion tatws newydd.
Awgrymwch rôl y gronynnau startsh yn y broses hon. [3]

....

....

....

[Cyfanswm = ... / 13 marc]

Bioleg

Gwaith Ymarferol Penodol 2: Ymchwilio i ffactorau sy'n effeithio ar weithrediad ensymau

Ar gyfer y gwaith ymarferol hwn, byddwch chi'n ymchwilio i effaith tymheredd ar actifedd yr **ensym** amylas. Mae amylas yn catalyddu'r broses o ymddatod startsh (ei dorri i lawr) i ffurfio maltos, ac mae i'w gael mewn poer a sudd pancreatig. Mae'n bosibl dilyn yr adwaith drwy fonitro cyfradd ymddatod startsh, gan ddefnyddio hydoddiant ïodin i brofi am bresenoldeb startsh yng nghymysgedd yr adwaith.

Nod

Ymchwilio i ffactorau sy'n effeithio ar weithrediad ensymau.

Cyfarpar ac adweithyddion

- Rhesel tiwbiau profi
- 6 × tiwb profi
- Marciwr
- Stopwatsh
- Silindr mesur 25 cm³
- Silindr mesur 10 cm³
- Teilsen sbotio

- Pibed ddiferu
- Hydoddiant startsh 1%
- Potel ddiferu o hydoddiant ïodin
- Hydoddiant amylas ffwngaidd 10%
- Baddon dŵr ar gael (neu ddull arall o wresogi dŵr)

Mae rhagor o wybodaeth ar gael yng ngwerslyfr **CBAC TGAU Bioleg** ar y tudalennau hyn:
- 11–12: Effaith tymheredd a pH ar ensymau
- 12: Ymchwilio i ffactorau sy'n effeithio ar ensymau

Term allweddol

Ensym: catalydd biolegol, sy'n cyflymu cyfradd adwaith heb gymryd rhan ynddo.

Iechyd a diogelwch

Dylech chi wisgo sbectol ddiogelwch. Mae hydoddiant amylas 10% yn llidus. Gall hydoddiant ïodin staenio'r croen neu ddillad.

Dull

1 Paratowch faddonau dŵr ar 20 °C, 30 °C, 40 °C, 50 °C a 60 °C (trydanol, neu losgydd Bunsen a bicer).
2 Rhowch un diferyn o hydoddiant ïodin ym mhob cafn ar y deilsen sbotio.
3 Mesurwch 10 cm³ o hydoddiant startsh 1% mewn tiwb profi.

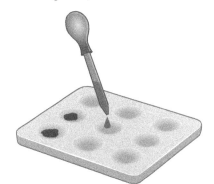

Cyfleoedd mathemateg $\sqrt{2^3+1}$

- Rhannu
- Trosi gwybodaeth rhwng ffurfiau graffigol a ffurfiau rhifiadol
- Cyfrifo cyfraddau ar gyfer adweithiau cemegol

4 Mesurwch 2 cm³ o hydoddiant amylas 10% mewn ail diwb profi.
5 Rhowch y ddau diwb mewn baddon dŵr wedi'i osod ar 20 °C am 3 munud.
6 Tynnwch y ddau diwb profi allan o'r baddon dŵr. Ychwanegwch yr amylas at yr hydoddiant startsh a dechreuwch y stopwatsh.
7 Ar unwaith, defnyddiwch y bibed ddiferu i roi un diferyn o'r cymysgedd ar y diferyn cyntaf o ïodin.
8 Ailadroddwch gam 7 bob 30 eiliad am 5 munud, neu nes bod yr hydoddiant ïodin yn aros yn oren.
9 Yn y tabl isod, cofnodwch yr amser mae'n ei gymryd i'r startsh ddiflannu (h.y. i'r hydoddiant ïodin aros yn oren).
10 Yn y tabl isod, ailadroddwch gamau 3–9 ar 30 °C, 40 °C, 50 °C a 60 °C.

Awgrym

Os yw'r hydoddiant ïodin yn aros yn oren ar ôl y diferyn cyntaf, mae cyfradd yr adwaith yn rhy gyflym. Siaradwch â'ch athro – efallai bydd angen gwanedu'r hydoddiant amylas.

Tymheredd /°C	Amser mae'n ei gymryd i'r startsh ddiflannu / s	1/amser mae'n ei gymryd i'r startsh ddiflannu
20		
30		
40		
50		
60		

Arsylwadau

1 Plotiwch graff sy'n dangos *Cyfradd yr adwaith* $\left(\dfrac{1}{\text{amser}}\right)$ yn erbyn *Tymheredd*.

> **Awgrym**
>
> Mae'n well plotio *Cyfradd yr adwaith*
> $\left(\dfrac{1}{\text{amser}}\right)$
> ar yr echelin-*y* yn hytrach nag amser yn unig. Mae hyn yn sicrhau bod y graff 'y ffordd gywir i fyny' (hynny yw, pan fydd yr adwaith yn cyflymu, mae'r llinell yn mynd i fyny).

2 Disgrifiwch ac esboniwch unrhyw duedd sydd i'w gweld yn eich canlyniadau.

....

....

....

....

....

Casgliadau

3 Amcangyfrifwch y **tymheredd optimwm** ar gyfer amylas ffwngaidd.

....

> **Term allweddol**
>
> **Tymheredd optimwm**: y tymheredd lle mae effeithlonrwydd a chynaliadwyedd proses ar eu huchaf.

Gwerthuso

4 Gwerthuswch gryfder y dystiolaeth o blaid eich amcangyfrif o'r tymheredd optimwm.

....

....

....

....

....

5 Awgrymwch ddwy ffordd o wella techneg yr arbrawf.

....

....

....

....

....

Bioleg

Cwestiynau enghreifftiol

1 Mae disgybl yn cynllunio ymchwiliad i effaith tymheredd ar ensym. Mae'n bwriadu rheoli'r pH a chrynodiad yr ensym.

a) Nodwch un ffactor arall dylai'r disgybl ei reoli yn yr arbrawf hwn. [1]

....

b) Sut gallai'r disgybl reoli'r pH? [2]

....

....

c) Mae gan ensymau wahanol werthoedd pH optimwm. Disgrifiwch ymchwiliad cychwynnol byddai angen i'r disgybl ei wneud er mwyn rheoli'r pH ar y gwerth cywir. Does dim angen manylion am ddull yr arbrawf. [2]

....

....

....

ch)Awgrymwch yr amrediad tymheredd dylai'r disgybl ei ddefnyddio wrth brofi effaith tymheredd ar yr ensym. [2]

....

2 Mae glanedyddion golchi *(washing detergents)* biolegol yn cynnwys ensymau proteas, lipas ac weithiau carbohydras sy'n helpu i ymddatod staeniau fel gwaed, bwyd a saim *(grease)*. Mae'r ensymau hyn yn dod o facteria sy'n byw mewn amgylchedd poeth, ac mae eu tymheredd optimwm – tua 60 °C – yn uwch na'r tymheredd optimwm normal. Oherwydd hyn, mae'n bosibl defnyddio glanedyddion biolegol wrth olchi ar dymheredd uwch, er mai'r argymhelliad fel arfer yw eu defnyddio nhw ar dymheredd is (tua 30 °C). Mae powdr golchi anfiolegol yn llawer llai effeithiol ar dymheredd is.

a) Esboniwch pam mae angen defnyddio mwy nag un math o ensym mewn glanedydd golchi biolegol. [2]

....

....

b) Awgrymwch pam na fyddai'n beth da i dymheredd optimwm ensymau dynol fod yn 60 °C. [2]

....

....

c) Esboniwch pam mae ensymau'n stopio gweithio os yw'r tymheredd yn cael ei gynyddu. [3]

....

....

....

....

....

ch)Os yw tymheredd optimwm yr ensymau mewn powdr golchi biolegol yn 60 °C, beth yw mantais defnyddio'r glanedyddion ar 30 °C, fel sy'n cael ei argymell? [1]

....

....

Bioleg

3 **a)** Defnyddiwch y rhestr o eiriau i gwblhau'r brawddegau am ensymau. [4]

cymhlygyn ensym-swbstrad   safle actif   moleciwl   cynnyrch   catalyddion   penodol   proteinau

Rydyn ni'n galw ensymau yn .... biolegol oherwydd maen nhw'n cyflymu adweithiau cemegol heb gymryd rhan ynddyn nhw.

Dim ond ar un sylwedd neu fath o sylwedd mae ensymau'n gweithio; hynny yw, maen nhw'n ....

Maen nhw'n gweithio oherwydd bod y swbstrad priodol yn ffitio yn .... yr ensym i ffurfio ...., ac yna bydd y cynhyrchion yn cael eu rhyddhau o hwn.

b) Yn y diagram isod, mae moleciwl E yn ensym. Mae moleciwlau 1–5 yn swbstradau posibl.

Ar ba swbstrad(au) bydd yr ensym yn gallu gweithio? [2]

....

c) Mae'r graff hwn yn dangos effaith tymheredd ar gyfradd adwaith wedi'i reoli gan ensym.

Esboniwch siâp y gromlin yn rhan A ac yn rhan B. [5]

....

....

....

....

....

....

[Cyfanswm = ... / 26 marc]

Bioleg

Gwaith Ymarferol Penodol 3: Ymchwilio i gynnwys egni bwydydd

Ar gyfer y gwaith ymarferol hwn, byddwch chi'n ymchwilio i'r cynnwys egni sydd mewn nifer o fwydydd. Mae'r egni yn y bwyd yn cael ei ryddhau pan fyddwch chi'n ei roi ar dân. Mae'n bosibl mesur yr egni hwn drwy ddefnyddio'r bwyd sy'n llosgi i wresogi cyfaint penodol o ddŵr a chofnodi'r cynnydd yn y tymheredd.

Nod

Ymchwilio i'r cynnwys egni sydd mewn nifer o fwydydd.

Cyfarpar

- Samplau o fwyd wedi'i becynnu (fel creision, bisgedi, pasta, grawnfwydydd brecwast) sy'n dangos yr egni, am bob 100 g, ar y pecyn
- Tiwb berwi
- Stand clamp, cnap a chlamp
- Llosgydd Bunsen
- Mat gwrth-wres
- Silindr mesur 50 cm³ neu 100 cm³
- Nodwydd wedi'i mowntio, gyda dolen bren
- Gefel
- Thermomedr
- Clorian electronig ar gael (±1 g)

Dull

1 Mesurwch 20 cm³ o ddŵr a'i roi yn y tiwb berwi.
2 Clampiwch y tiwb berwi wrth y stand clamp.
3 Gan ddefnyddio'r thermomedr, mesurwch dymheredd y dŵr a'i gofnodi.
4 Dewiswch sampl o fwyd, pwyswch y sampl ar glorian electronig, a chofnodwch y màs.
5 Yn ofalus, rhowch y bwyd ar nodwydd wedi'i mowntio.
6 Daliwch y bwyd yn fflam y llosgydd Bunsen nes ei fod yn dechrau llosgi.
7 Pan fydd y bwyd yn dechrau llosgi, rhowch ef yn union o dan y tiwb berwi o ddŵr.
8 Daliwch y bwyd yn ei le nes ei fod wedi llosgi'n llwyr.
9 Pan fydd y bwyd wedi llosgi'n llwyr, mesurwch a chofnodwch dymheredd y dŵr unwaith eto.
10 Ailadroddwch y dull o leiaf ddwywaith eto gyda bwydydd eraill, gan newid y dŵr bob tro.
11 Cyfrifwch y cynnydd yn y tymheredd ar gyfer pob sampl bwyd.
12 Cyfrifwch faint o egni sy'n cael ei ryddhau gan bob sampl bwyd drwy ddefnyddio'r hafaliad allweddol.
13 Cymharwch y gwerthoedd gawsoch chi yn y cam blaenorol â'r cynnwys egni, am bob gram, sydd i'w weld ar y pecyn.

Mae rhagor o wybodaeth ar gael yng ngwerslyfr **CBAC TGAU Bioleg** ar y tudalennau hyn:
- 37: Faint o egni sydd mewn bwyd?
- 38: Ymchwilio i faint o egni sydd mewn bwydydd

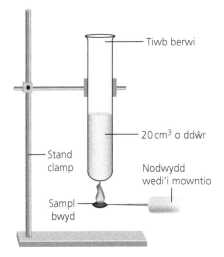

Tiwb berwi

20 cm³ o ddŵr

Stand clamp

Nodwydd wedi'i mowntio

Sampl bwyd

Arsylwadau

1 Cofnodwch eich canlyniadau a'r gwerthoedd egni ar y pecynnau yn y tabl hwn.

Bwyd	Màs / g	Tymheredd cychwynnol y dŵr / °C	Tymheredd terfynol y dŵr / °C	Cynnydd yn y tymheredd / °C	Egni sy'n cael ei ryddhau gan y bwyd / J/g	Egni yn y bwyd (yn ôl y pecyn) / J/g

Casgliadau

2 Pa un o'r bwydydd gwnaethoch chi eu profi sy'n cynnwys y swm mwyaf o egni?

....

....

3 Ydy'r gwerthoedd rydych chi wedi'u cael yn cytuno â'r wybodaeth ar y pecynnau?

....

....

Gwerthuso

4 Ydy eich arbrawf chi wedi rhoi'r bwydydd yn yr un drefn o ran egni â'r hyn sydd wedi'i nodi ar y pecynnau?

....

....

5 Mae'n debygol y bydd y gwerthoedd egni rydych chi wedi'u cael ar gyfer y bwydydd yn llawer is na'r gwerthoedd ar y pecynnau. Cafodd cyfarpar llawer mwy soffistigedig ei ddefnyddio i gael y gwerthoedd ar y pecynnau, a gallwn ni dybio eu bod nhw'n fanwl gywir.
Awgrymwch **dair** ffordd gallai egni o'r bwyd fod wedi cael ei golli yn eich arbrawf chi.

....

....

....

....

....

....

....

....

Bioleg

Cwestiynau enghreifftiol

1 Mae'r diagram hwn yn dangos calorimedr bom. Mae'n bosibl ei ddefnyddio i fesur cynnwys egni bwydydd. Rydyn ni'n gwneud hyn drwy fesur y cynnydd yn nhymheredd y dŵr pan fydd y bwyd wedi'i losgi'n llwyr, gan ddefnyddio'r hafaliad:

$$\text{egni sy'n cael ei ryddhau gan y bwyd am bob gram (J)} = \frac{\text{màs y dŵr (g)} \times \text{cynnydd yn y tymheredd (°C)} \times 4.2}{\text{màs y sampl bwyd (g)}}$$

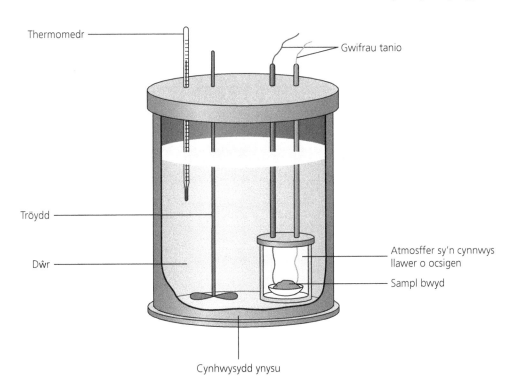

Thermomedr

Gwifrau tanio

Tröydd

Dŵr

Atmosffer sy'n cynnwys llawer o ocsigen

Sampl bwyd

Cynhwysydd ynysu

a) Mae'r tabl isod yn dangos y data o dri math o fwyd gafodd eu profi gan ddefnyddio'r calorimedr bom.
    Màs y dŵr yn y calorimedr yw 500 g.
    Defnyddiwch yr hafaliad i lenwi'r data sydd ar goll.   [3]

Bwyd	Màs y bwyd sy'n cael ei losgi / g	Cynnydd yn y tymheredd / °C	Egni sy'n cael ei ryddhau am bob gram o fwyd / J
Bisged	1	10	
Ffa pob	2	3.0	
Nwdls	1		5250

b) Yn y calorimedr bom, esboniwch beth yw pwrpas   [3]

    i)   y cynhwysydd ynysu

    ....

    ii) yr atmosffer sy'n cynnwys llawer o ocsigen

    ....

    iii) y tröydd.

    ....

2   Mae Peter yn ddyn 45 oed sy'n gweithio mewn swyddfa. Y cymeriant egni dyddiol sy'n cael ei argymell ar gyfer dyn ei oed ef mewn swydd eisteddog *(sedentary)* yw 9900 kJ.

Un diwrnod i ginio, mae Peter yn cael byrger caws a sglodion, a hufen iâ. Mae pwysau pob un o rannau gwahanol y pryd bwyd wedi'u rhoi isod:

Rôl bara y byrger   85 g

Sleisen o gaws   25 g

Byrger cig eidion   200 g

Sglodion   200 g

Tomato   32 g

Hufen iâ   100 g

Mae'r tabl hwn yn dangos pwysau a chynnwys egni y bwydydd gwahanol sydd yng nghinio Peter.

	Pwysau dogn *(portion)* arferol / g	Cynnwys egni mewn dogn arferol / kJ
Rôl bara y byrger	85	904
Sleisen o gaws	100	1724
Byrger cig eidion	100	1376
Sglodion	100	895
Tomato	64	38
Hufen iâ	100	707

a) Cyfrifwch gyfanswm y cynnwys egni yng nghinio Peter, mewn kJ.   [2]

b) Pa ganran o gymeriant egni dyddiol Peter mae'r cyfanswm hwn yn ei gynrychioli?   [2]

c) Mae cinio Peter yn cynnwys llawer o frasterau dirlawn. Nodwch **dair** problem iechyd allai ddatblygu os yw Peter yn bwyta'r math hwn o fwyd yn aml.   [3]

[Cyfanswm = ... / 13 marc]

Bioleg

Gwaith Ymarferol Penodol 4: Ymchwilio i ffactorau sy'n effeithio ar ffotosynthesis

Ar gyfer y gwaith ymarferol hwn, byddwch chi'n ymchwilio i effaith **arddwysedd golau** ar gyfradd **ffotosynthesis** mewn dyfrllys. Mae ffotosynthesis yn rhyddhau aer sydd â llawer o ocsigen ynddo. Bydd angen i chi gasglu a mesur yr aer hwn er mwyn gallu cyfrifo cyfradd ffotosynthesis. Byddwch chi'n amrywio arddwysedd y golau drwy symud lamp yn agosach at y planhigyn.

Nod

Ymchwilio i'r ffactorau sy'n effeithio ar ffotosynthesis.

Cyfarpar ac adweithyddion

- Bicer 250cm³
- Twndis hidlo
- Silindr mesur 1cm³ neu 10cm³
- Darn 10cm o ddyfrllys sydd newydd gael ei dorri
- Ffynhonnell golau neu lamp
- Riwl fetr
- Stopwatsh
- Plastisin
- Hydoddiant sodiwm hydrogencarbonad

Dull

Rhaid cynnal yr arbrawf mewn ystafell dywyll.

1 Llenwch y bicer â hydoddiant sodiwm hydrogencarbonad nes ei fod tua thri chwarter llawn.
2 Cydosodwch y cyfarpar fel sydd i'w weld yn y diagram, ond peidiwch â rhoi'r silindr mesur yn y bicer eto.
3 Rhowch y lamp 20cm oddi wrth y bicer.

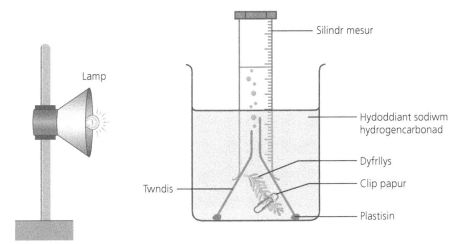

Lamp

Twndis

Silindr mesur

Hydoddiant sodiwm hydrogencarbonad

Dyfrllys

Clip papur

Plastisin

4 Arhoswch am 5 munud, neu nes bod swigod yn dechrau codi o'r dyfrllys.
5 Llenwch y silindr mesur â hydoddiant sodiwm hydrogencarbonad a'i droi wyneb i waered dros y twndis.
6 Dechreuwch y stopwatsh.
7 Gadewch hyn am 2 funud (os ydych chi'n defnyddio silindr mesur 1cm³) neu am 5 munud (os ydych chi'n defnyddio silindr mesur 10cm³) a chofnodwch gyfaint y nwy sydd wedi'i gasglu.
8 Cofnodwch y canlyniadau yn y tabl yn yr adran **arsylwadau**.
9 Ailadroddwch y broses gyfrif ddwywaith eto. Bydd hyn yn caniatáu i chi gyfrifo cyfaint cymedrig y nwy sy'n cael ei gasglu bob munud.
10 Symudwch y lamp i bellter o 40cm oddi wrth y bicer ac ailadroddwch gamau 4–9.
11 Ailadroddwch yr arbrawf ar bellterau o 60cm ac 80cm rhwng y lamp a'r bicer.

Mae rhagor o wybodaeth ar gael yng ngwerslyfr **CBAC TGAU Bioleg** ar y tudalennau hyn:

- 52: Beth sydd ei angen ar blanhigion er mwyn iddyn nhw oroesi?
- 53–54: Sut mae ffotosynthesis yn gweithio?
- 55–56: Beth sy'n effeithio ar gyfradd ffotosynthesis?

Termau allweddol

Arddwysedd golau: pa mor ddisglair yw golau.

Ffotosynthesis: y broses mae planhigion gwyrdd yn ei defnyddio i wneud bwyd, gan ddefnyddio carbon deuocsid, dŵr ac egni golau.

Iechyd a diogelwch

Gwisgwch gyfarpar amddiffyn y llygaid. Mae hydoddiant sodiwm hydrogencarbonad yn gemegyn perygl isel. Golchwch eich dwylo ar ôl cyffwrdd â dyfrllys.

Cyfleoedd mathemateg

- Rhannu
- Cyfrifo'r cymedr
- Trosi gwybodaeth rhwng ffurfiau graffigol a ffurfiau rhifiadol
- Deall a defnyddio cyfrannedd gwrthdro (y ddeddf sgwâr gwrthdro)

Nodiadau

Mae rhai fersiynau o'r arbrawf hwn yn ychwanegu dŵr yn lle hydoddiant sodiwm hydrogencarbonad. Fodd bynnag, yn y fersiwn hwn rydyn ni'n ychwanegu sodiwm hydrogencarbonad i wneud yn siŵr bod gan y planhigyn ddigon o garbon deuocsid i gyflawni ffotosynthesis. Os yw carbon deuocsid yn ffactor cyfyngol, ni fydd arddwysedd golau yn effeithio ar y planhigyn o gwbl.

Mae'r plastisin yn sicrhau bod y dŵr (a'r carbon deuocsid sydd ynddo) yn gallu cylchredeg, fel bod y planhigyn yn gallu defnyddio'r holl ddŵr yn y bicer.

Awgrymiadau

Os nad ydych chi'n gweld swigod o gwbl, siaradwch â'ch athro. Efallai y bydd angen newid y planhigyn.

Er bod y silindr mesur wyneb i waered, cofnodwch eich canlyniadau gan ddefnyddio gwaelod y menisgws fel arfer.

Arsylwadau

1 a) Cofnodwch eich canlyniadau yn y tabl hwn.

Pellter rhwng y lamp a'r bicer / cm	$\dfrac{1}{pellter\ y\ lamp}$ / unedau mympwyol	Cyfaint y nwy sy'n cael ei gasglu mewn 2 funud / cm³
20		
40		
60		
80		

b) Ar bapur graff, plotiwch graff sy'n dangos *Cyfaint y nwy sy'n cael ei gasglu* yn erbyn $\dfrac{1}{pellter\ y\ lamp}$.

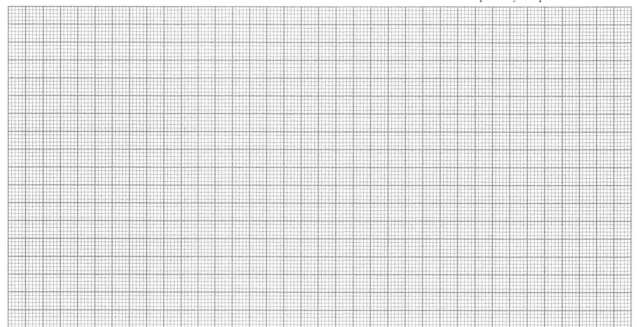

c) Disgrifiwch unrhyw duedd sydd i'w gweld yn eich canlyniadau.

....

....

....

....

....

2 Drwy arsylwi'r arbrawf, allwch chi nodi tarddiad anghywirdeb posibl *(source of possible inaccuracy)* yn y canlyniadau?

....

....

....

....

....

Bioleg

Casgliadau

3 Esboniwch batrwm y canlyniadau rydych chi wedi'u cael.

....

.... 15

....

Gwerthuso

4 Weithiau, bydd yr arbrawf hwn yn cael ei gynnal drwy gyfri'r swigod mae'r dyfrllys yn eu rhyddhau bob munud, yn hytrach na chasglu'r nwy a'i fesur. Esboniwch pam byddai hyn yn rhoi canlyniadau llai manwl gywir.

....

....

....

....

Cwestiynau enghreifftiol

1 Mae'r graff yn dangos canlyniadau arbrawf i ddarganfod effaith arddwysedd golau ar gyfradd ffotosynthesis ar ddau dymheredd gwahanol.

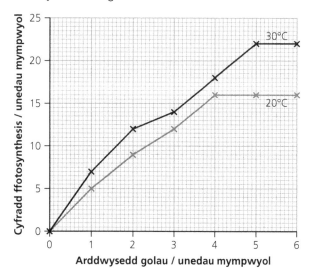

a) Disgrifiwch y gwahaniaethau rhwng y canlyniadau ar 20 °C ac ar 30 °C. [3]

....

....

....

....

b) Awgrymwch reswm pam mae'r gyfradd ffotosynthesis yn uwch ar 30 °C. [2]

....

....

....

(HU) c) Esboniwch pam mae'r gyfradd ffotosynthesis yn aros yn gyson ar arddwyseddau golau uchel. [1]

....

....

....

....

2 Mae'r diagram isod yn dangos arbrawf i brofi effaith arddwysedd golau ar gyfradd ffotosynthesis. Mae'r golau'n cael ei osod ar bellteroedd gwahanol oddi wrth y planhigyn, ac mae nifer y swigod sy'n cael eu rhyddhau bob munud yn cael ei gofnodi.

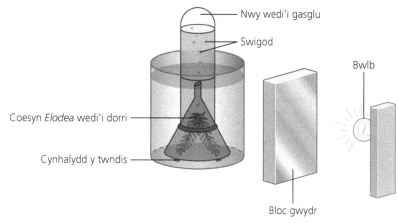

a) Awgrymwch **un** rheswm pam mae'n bosibl bod y canlyniadau yn anghywir *(inaccurate)*. [1]

....

....

....

b) Awgrymwch **un** ffordd o wella'r arbrawf i gael gwared ar darddiad yr anghywirdeb *(source of inaccuracy)*. [1]

....

....

....

c) Awgrymwch **un** rheswm pam cafodd yr arbrawf ei gynnal mewn ystafell dywyll. [1]

....

....

....

ch) Esboniwch bwrpas y bloc gwydr. [2]

....

....

....

....

(HU) 3 Mae disgybl yn cynnal arbrawf i ddarganfod effaith arddwysedd golau ar gyfaint y nwy mae dyfrllys *Elodea* yn ei gynhyrchu. Dyma'r canlyniadau:

Pellter y golau / m	Arddwysedd golau / unedau mympwyol	Cyfaint y nwy sy'n cael ei gasglu bob munud / cm³
1.0	1.0	1.3
0.8	1.6	2.5
0.6	2.8	3.6
0.4	6.3	5.4
0.2	25.0	5.5
0.1		5.6

a) Mae arddwysedd y golau yn cael ei gyfrifo ar sail y pellter gan ddefnyddio'r ddeddf sgwâr gwrthdro. Defnyddiwch y ddeddf hon, a'r hafaliad $\text{arddwysedd} = \dfrac{1}{\text{pellter y golau}^2}$, i gyfrifo'r gwerth sydd ar goll ar gyfer 0.1 m. [2]

....

....

....

b) Mae'r planhigyn yn cael gormodedd o garbon deuocsid a thymheredd addas. Awgrymwch pa ffactor sy'n cyfyngu ar ffotosynthesis ar yr arddwyseddau golau uchaf. [1]

....

....

[Cyfanswm = ... **/ 14 marc]**

Bioleg

Gwaith Ymarferol Penodol 5: Ymchwilio i ffactorau sy'n effeithio ar drydarthiad

Ar gyfer y gwaith ymarferol hwn, byddwch chi'n defnyddio **potomedr** i fesur y gyfradd **trydarthu** mewn planhigyn, ac yna'n ei ddefnyddio i gynllunio ymchwiliad i un ffactor sy'n effeithio ar y gyfradd honno.

Nod

Ymchwilio i ffactorau sy'n effeithio ar drydarthiad.

Cyfarpar

- Potomedr
- Bicer 100 cm³ o ddŵr
- Cyffyn deiliog
- Stand clamp, cnap a chlamp
- Siswrn
- Stopwatsh
- Jeli petroliwm Vaseline
- Tywel papur
- Sinc neu bowlen o ddŵr, ar gyfer trochi

Dull

1 Trochwch y potomedr mewn sinc neu bowlen o ddŵr a'i symud o gwmpas i gael gwared ar swigod aer a sicrhau bod y cyfarpar yn llawn dŵr.
2 Rhowch y cyffyn deiliog – y pen sydd wedi'i dorri – yn y dŵr. Ceisiwch gadw'r dail allan o'r dŵr cyn belled â phosibl.
3 Torrwch tua 1 cm oddi ar waelod y coesyn o dan y dŵr ar ongl letraws.
4 Gan gadw'r cyfarpar o dan y dŵr, gwthiwch y coesyn i mewn i'r tiwbin rwber yn araf, fel sydd i'w weld yn y diagram.
5 Rhowch Vaseline ar geg y tiwbin rwber, lle mae'r coesyn yn mynd i mewn, i atal aer rhag mynd i mewn i'r cyfarpar.
6 Tynnwch y cyfarpar wedi'i gydosod allan o'r dŵr.
7 Sychwch y dail yn ysgafn â'r tywel papur i gael gwared ar y diferion dŵr.
8 Clampiwch y potomedr mewn safle unionsyth, gan sicrhau bod y tiwb capilari yn y bicer o ddŵr.
9 Tynnwch y tiwb capilari allan o'r bicer er mwyn gadael i swigen aer ffurfio.
10 Pan mae'r swigen aer yn cyrraedd dechrau'r raddfa, defnyddiwch y stopwatsh i ddechrau amseru.
11 Ar ôl 1 munud, cofnodwch pa mor bell mae'r swigen aer wedi teithio ar hyd y raddfa.
12 Cymerwch 2 ddarlleniad arall, gan aros am 1 munud rhwng pob darllediad.
13 Os oes angen, gallwch chi ddefnyddio'r chwistrell i symud y swigen yn ôl at sero drwy chwistrellu dŵr yn ofalus i mewn i'r cyfarpar.

Awgrymiadau

- Mae sicrhau bod y Vaseline yn glynu o dan ddŵr yn gallu bod yn anodd. Mae'n bosibl y bydd angen i chi ddefnyddio llawer ohono i wneud yn siŵr nad oes aer yn dianc rhwng y coesyn a'r tiwbin.
- Gallwch chi roi'r tiwbin capilari yn ôl yn y dŵr ar ôl i swigen aer ffurfio, ond bydd y cyfarpar yn gweithio heb wneud hyn, gan gynhyrchu colofn o aer yn hytrach na swigen.
- Efallai bydd angen i chi addasu faint o amser sydd rhwng pob darlleniad, yn dibynnu ar ba mor gyflym mae'r swigen yn symud.

Mae rhagor o wybodaeth ar gael yng ngwerslyfr **CBAC TGAU Bioleg** ar y tudalennau hyn:

- 59: Pam mae dŵr mor bwysig i blanhigion?
- 60–62: Sut mae dŵr yn teithio i fyny'r coesyn?

Termau allweddol

Potomedr: offeryn sy'n gallu mesur cyfraddau trydarthu.

Trydarthu/Trydarthiad: colli anwedd dŵr o ddail planhigyn, drwy anweddiad.

Iechyd a diogelwch

Mae angen bod yn ofalus wrth dorri coesyn y planhigyn â'r siswrn. Peidiwch â thorri tuag at eich llaw.

Mae angen defnyddio cyn lleied o bwysau â phosibl wrth gydosod y cyfarpar er mwyn osgoi torri'r tiwbin capilari brau, fyddai wedyn yn gallu torri'r croen.

Cyfleoedd mathemateg

- Cyfrifo'r cymedr
- Llunio a dehongli tablau a diagramau

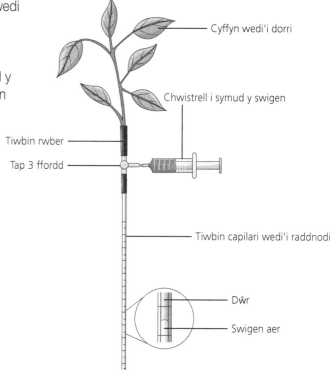

Cyffyn wedi'i dorri

Chwistrell i symud y swigen

Tiwbin rwber

Tap 3 ffordd

Tiwbin capilari wedi'i raddnodi

Dŵr

Swigen aer

Arsylwadau

1 Cofnodwch eich canlyniadau yn y tabl hwn.

Amser / munudau	Safle'r swigen / unedau mympwyol	Pellter teithio / unedau mympwyol
0	0	0
1		
2		
3		

Casgliadau

2 Cyfrifwch y pellter teithio cymedrig mewn 1 munud.

....

....

Gwerthuso

3 Pa mor ailadroddadwy oedd eich canlyniadau?

....

....

4 Edrychwch ar ganlyniadau grwpiau eraill. Pa mor atgynyrchadwy *(reproducible)* oedd eich canlyniadau?

....

....

....

....

5 Awgrymwch **un** ffactor fyddai wedi gallu gwneud y canlyniadau'n llai atgynyrchadwy (peidiwch â chynnwys gwallau dynol).

....

....

....

6 Gallai'r ffactorau canlynol effeithio ar gyfradd trydarthu: tymheredd, lleithder a symudiad aer (buanedd y gwynt). Ar ddarn o bapur ar wahân, dyluniwch arbrawf i brofi effaith **un** o'r ffactorau hyn.

Bioleg

19

Cwestiynau enghreifftiol

1 Mae grŵp o ddisgyblion yn defnyddio'r cyfarpar isod i astudio'r gyfradd trydarthu mewn cyffyn deiliog.

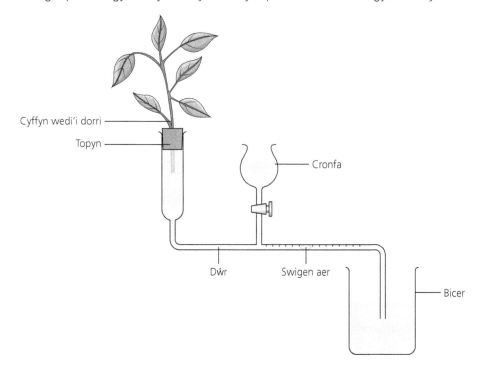

Cyffyn wedi'i dorri

Topyn

Cronfa

Dŵr   Swigen aer

Bicer

a) Beth yw enw'r cyfarpar hwn? [1]

....

b) Beth yw pwrpas y gronfa? [1]

....

....

c) Nodwch ddau ragofal *(precautions)* mae angen eu cymryd wrth gydosod y cyfarpar, er mwyn atal aer rhag mynd i mewn cyn cyflwyno'r swigen aer. [2]

....

....

....

....

ch) Diffiniwch y term trydarthiad. [2]

....

....

....

d) Nodwch ddau fesuriad sy'n cael eu cymryd wrth fesur cyfradd trydarthu. [2]

....

....

Bioleg

2   Mae'r graff hwn yn dangos y gyfradd trydarthu mewn planhigyn dros gyfnod o 24 awr.

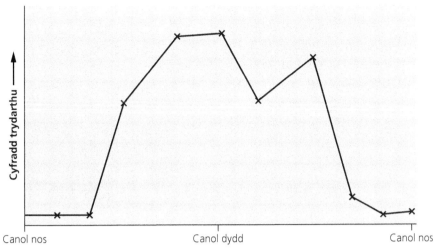

a) Esboniwch y cyfraddau trydarthu isel iawn yn ystod y nos.   [2]

    ....

    ....

    ....

b) Roedd y tymheredd yn gyson drwy gydol y dydd.

    Awgrymwch reswm posibl dros y gostyngiad yn y gyfradd trydarthu yng nghanol y prynhawn.   [1]

    ....

    ....

c) Cafodd y data hyn eu casglu yn ystod yr haf. Pa wahaniaeth byddech chi'n disgwyl ei weld mewn graff
    trydarthiad yn ystod y gaeaf? Mae'r planhigyn yn un bythwyrdd (evergreen), felly byddai dail ganddo o hyd.   [1]

    ....

    ....

    ....

3   a) Esboniwch sut byddech chi'n cydosod potomedr ac yn cymryd darlleniadau i fesur cyfradd trydarthu cyffyn
        deiliog.   [6 AYE]

    ....

    ....

    ....

    ....

    ....

    ....

    ....

b) Dydy potomedr ddim yn mesur cyfradd trydarthu yn uniongyrchol. Mae'n mesur ymlifiad (uptake) dŵr gan
    y planhigyn.

    Esboniwch pam bydd y gyfradd trydarthu bob amser ychydig yn llai na'r ymlifiad dŵr.   [2]

    ....

    ....

[Cyfanswm = ... / 20 marc]

Bioleg

Gwaith Ymarferol Penodol 6: Ymchwilio i ddosbarthiad a thoreithrwydd rhywogaeth

I asesu **bioamrywiaeth**, mae angen adnabod y rhywogaethau sy'n bresennol ac amcangyfrif nifer yr unigolion ym mhob rhywogaeth. Nid yw'n bosibl archwilio'r arwynebedd cyfan fel arfer, felly mae'n rhaid cymryd samplau a gwneud cyfrifiadau i amcangyfrif cyfanswm y niferoedd. Ar gyfer y gwaith ymarferol hwn, byddwch chi'n ymchwilio i faint poblogaeth rhywogaeth planhigyn drwy **hapsamplu** gan ddefnyddio **cwadradau**. Poblogaeth llygad y dydd mewn cae ysgol fydd yn cael ei defnyddio yn yr enghraifft hon.

Nod

Ymchwilio i ffactorau sy'n effeithio ar ddosbarthiad a thoreithrwydd (abundance) rhywogaeth.

Cyfarpar

- Cwadrad 50 cm × 50 cm
- 2 × tâp mesur 20 m

Mae rhagor o wybodaeth ar gael yng ngwerslyfr **CBAC TGAU Bioleg** ar y tudalennau hyn:

- 83–84: Beth yw bioamrywiaeth, a pham mae'n bwysig?
- 85: Sut gallwn ni gynnal bioamrywiaeth?
- 86–87: Sut gallwn ni gael data am fioamrywiaeth mewn amgylchedd?

Hafaliad allweddol

$$\frac{\text{amcangyfrif o faint}}{\text{y boblogaeth}} = \frac{\text{cyfanswm yr arwynebedd}}{\text{arwynebedd wedi'i samplu}} \times \frac{\text{nifer y planhigion}}{\text{wedi'u cyfrif}}$$

Cyfleoedd mathemateg

- Lluosi a rhannu
- Amcangyfrif maint poblogaeth yn seiliedig ar samplu
- Cyfrifo'r cymedr
- Cyfrifo arwynebedd
- Trosi gwybodaeth rhwng ffurfiau graffigol a ffurfiau rhifiadol

Termau allweddol

Bioamrywiaeth: nifer y rhywogaethau mewn ardal, ynghyd â maint poblogaeth pob rhywogaeth.

Hapsamplu: dull o gasglu samplau ar hap i atal dylanwad pobl neu duedd.

Cwadrad: ffrâm ag arwynebedd penodol.

Iechyd a diogelwch

Mae llithro ar wair gwlyb a dod ar draws defnyddiau peryglus fel gwydr wedi torri yn rhai o'r peryglon posibl wrth weithio ar ddarn o wair.

Dull

Dylech chi weithio mewn grwpiau o ddau neu dri.

Bydd gan eich athro ddau fag yn cynnwys peli neu gardiau â rhifau arnyn nhw.

1 Casglwch ddau rif, un o bob bag.
2 Defnyddiwch y rhifau a'r tapiau mesur er mwyn dod o hyd i leoliad cyntaf eich cwadrad.
3 Rhowch y cwadrad ar y llawr yn y man lle mae eich cyfesurynnau'n cwrdd.
4 Rhowch y rhifau yn ôl yn y bagiau.
5 Ewch ati i gyfrif a chofnodi nifer y planhigion o'r rhywogaeth dan sylw – llygad y dydd yn yr enghraifft hon – sydd yn y cwadrad.
6 Ailadroddwch gamau 1–5 nes eich bod chi wedi cofnodi nifer y planhigion o'r rhywogaeth planhigyn dan sylw mewn deg cwadrad.

Nodyn

Bydd eich athro yn creu grid sy'n rhannu'r arwynebedd i'w samplu. Mae'r rhifau'n cynrychioli cyfesurynnau ar y grid hwn.

Awgrym

Bydd angen i chi fod yn ofalus wrth gyfrif planhigion unigol. Os oes canghennau gan y planhigyn, gallai edrych fel mwy nag un. Gwnewch yn siŵr bod unrhyw blanhigion unigol ar eich cofnod yn mynd i mewn i'r pridd mewn lleoedd gwahanol.

Bioleg

Arsylwadau

1 Cofnodwch eich canlyniadau yn y tabl hwn.

Rhif y cwadrad	Nifer y planhigion llygad y dydd
1	
2	
3	
4	
5	
6	
7	
8	
9	
10	

Casgliadau

2 Cyfanswm arwynebedd yr astudiaeth yw 20 m × 20 m.
Amcangyfrifwch boblogaeth llygad y dydd gan ddefnyddio hafaliad 'amcangyfrif o faint y boblogaeth'.

....

....

....

....

Gwerthuso

3 Ydych chi'n meddwl bod 10 cwadrad yn ddigon i roi canlyniadau sy'n gynrychiadol o'r arwynebedd samplu cyfan?
Rhowch resymau dros eich ateb.

....

....

....

....

....

....

4 Esboniwch bwrpas yr hapsamplu.

....

....

....

....

Cwestiynau enghreifftiol

1 Mae arolwg o boblogaeth meillion *(clovers)* yn cael ei gynnal ar arwynebedd o wair mewn parc.

Cyfanswm arwynebedd yr arolwg yw 250 000 m².

Mae 100 sampl yn cael eu cymryd gan ddefnyddio cwadradau sy'n mesur 0.5 m × 0.5 m.

Cyfanswm nifer y planhigion meillion yn y sampl yw 2650.

a) Amcangyfrifwch gyfanswm nifer y planhigion meillion yn yr arwynebedd cyfan o wair. Dangoswch eich gwaith cyfrifo. [2]

....

....

....

....

....

....

b) Mae'r cwadradau'n cael eu gosod ar hap o fewn yr arwynebedd. Pam mae angen gwneud hyn? [1]

....

....

2 Mae grŵp o ddisgyblion yn cynnal arolwg mewn cae gan ddefnyddio cwadradau i amcangyfrif nifer y planhigion blodyn menyn.

Maen nhw'n defnyddio sampl o 10 cwadrad, ac yn samplu drwy ollwng y cwadrad dros eu hysgwydd fel nad ydyn nhw'n gallu gweld lle bydd y cwadrad yn glanio.

Pan maen nhw'n cyflwyno eu canlyniadau, mae'r athro'n dweud nad ydyn nhw wedi cymryd digon o samplau, ac nad ydyn nhw wedi defnyddio dull samplu ar hap.

a) Wrth samplu gan ddefnyddio cwadradau, pam mae'n bwysig sicrhau bod digon o samplau gennych? [1]

....

....

....

b) Nodwch reswm pam dydy'r dull samplu uchod ddim yn ddull ar hap. [1]

....

....

....

c) Rhowch **un** ffordd arall gallai eu techneg samplu gynhyrchu canlyniadau anghywir *(inaccurate)*. [1]

....

....

....

....

Bioleg

ch) Awgrymwch ddull gwell er mwyn cynhyrchu hapsampl. [4]

....

....

....

....

....

3 Mae cwadradau'n cael eu gosod ar hap mewn lleoliadau ar draws arwynebedd o Barc Cenedlaethol.

Y nod yw amcangyfrif cyfanswm nifer y planhigion mewn rhywogaeth, *Caltha palustris* (gold y gors), ac astudio ei dosbarthiad. Mae gold y gors yn ffynnu mewn amodau llaith.

Mae'r diagram yn dangos yr arwynebedd cyfan, ac yn rhoi safleoedd y cwadradau a nifer y planhigion ym mhob cwadrad.

Maint yr arwynebedd cyfan yw 200 m × 200 m.

Maint pob cwadrad yw 0.5 m × 0.5 m.

a) Defnyddiwch y data i amcangyfrif nifer y planhigion gold y gors yn yr arwynebedd cyfan. Dangoswch eich gwaith cyfrifo. [4]

....

....

....

....

....

....

b) Awgrymwch **ddau** reswm pam gallai'r amcangyfrif hwn fod yn anghywir. [2]

....

....

....

....

....

....

[Cyfanswm = ... **/ 16 marc]**

Bioleg

Gwaith Ymarferol Penodol 7: Ymchwilio i amrywiad mewn organebau

Ar gyfer y gwaith ymarferol hwn, byddwch chi'n ymchwilio i'r amrywiad o ran hyd bysedd y bobl yn eich dosbarth chi. Byddwch chi hefyd yn gweld a oes unrhyw wahaniaeth o ran hyd bysedd rhwng benywod a gwrywod. Ar y cyfan, mae hyd bysedd yn **amrywiad etifeddol** yn hytrach nag yn **amrywiad amgylcheddol**, er bod yr amgylchedd hefyd yn gallu effeithio arno i ryw raddau.

Nod

Ymchwilio i amrywiad mewn organebau.

Cyfarpar

- Riwl 30 cm

Dull

1 Mesurwch hyd y bys canol ar law dde pob aelod o'ch dosbarth, fel sydd i'w weld yn y diagram, a chofnodwch hyn yn y tabl yn yr adran **arsylwadau**.
2 Cofnodwch ryw yr unigolyn wrth ymyl hyd y bys.
3 Cofnodwch hyd bys cymedrig gwrywod a benywod.

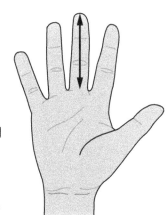

Mae rhagor o wybodaeth ar gael yng ngwerslyfr **CBAC TGAU Bioleg** ar y tudalennau hyn:

- 111: Pa fathau o amrywiad sydd?
- 112–113: Beth sy'n achosi amrywiad?

Termau allweddol

Amrywiad etifeddol: amrywiad sydd wedi'i achosi gan y genynnau.
Amrywiad amgylcheddol: amrywiad sydd wedi'i achosi gan yr amgylchedd.

Cyfleoedd mathemateg

- Rhannu
- Cyfrifo'r cymedr
- Trosi gwybodaeth rhwng ffurfiau graffigol a ffurfiau rhifiadol

Arsylwadau

1 Cofnodwch eich canlyniadau yn y tabl hwn.

Benywod		Gwrywod	
Unigolyn	Hyd bys / mm	Unigolyn	Hyd bys / mm
Hyd bys cymedrig (benywod)		**Hyd bys cymedrig (gwrywod)**	

2 Plotiwch graff bar o'r canlyniadau ar gyfer y dosbarth cyfan.

3 Plotiwch graff bar o'r canlyniadau ar gyfer gwrywod a benywod, ochr yn ochr â'i gilydd.

Casgliadau

4 Trafodwch a yw'r canlyniadau'n cefnogi'r rhagdybiaeth (hypothesis) bod bysedd gwrywod yn hirach na bysedd benywod.

....

....

....

Gwerthuso

5 Beth yw cyfyngiadau'r dystiolaeth wrth brofi'r rhagdybiaeth hon?

....

....

....

....

....

Cwestiynau enghreifftiol

1 **a)** Cwblhewch y tabl hwn gan ddefnyddio ticiau i nodi pa fath o amrywiad mae'r nodweddion dynol hyn yn ei ddangos. Os yw nodwedd yn gyfuniad o amrywiad etifeddol ac amrywiad amgylcheddol, ticiwch y ddau flwch. **[7]**

Nodwedd	Math o amrywiad			
	Parhaus	Amharhaus	Etifeddol	Amgylcheddol
Lliw gwallt (naturiol)				
Tatŵ				
Presenoldeb llabed y glust (ear lobe)				
Lliw llygaid				
Pwysau				
Grŵp gwaed				
Màs y cyhyrau				

b) Beth sy'n achosi amrywiad etifeddol **yn wreiddiol**? **[1]**

c) Esboniwch pam dydy organebau sy'n cael eu cynhyrchu drwy atgynhyrchiad anrhywiol ddim yn dangos unrhyw amrywiad ar y dechrau. **[1]**

2 Roedd warffarin yn cael ei ddefnyddio'n gyffredin fel gwenwyn llygod mawr yn yr ugeinfed ganrif. Er ei fod yn effeithiol iawn, roedd rhai llygod mawr wedi datblygu ymwrthedd genynnol i'r gwenwyn. Erbyn heddiw, mae'r ymwrthedd hwn wedi lledaenu i'r rhan fwyaf o boblogaethau llygod mawr, ac mae llawer llai o warffarin yn cael ei ddefnyddio.

a) Pa broses mewn celloedd fyddai wedi creu'r genyn ymwrthedd i warffarin? **[1]**

b) Ydy ymwrthedd i warffarin yn amrywiad etifeddol neu'n amrywiad amgylcheddol? Esboniwch eich ateb. **[2]**

c) Ydy ymwrthedd i warffarin yn amrywiad parhaus neu'n amrywiad amharhaus? Esboniwch eich ateb. **[2]**

ch) Esboniwch sut byddai ymwrthedd i warffarin wedi lledaenu o rai llygod mawr yn unig i'r rhan fwyaf o'r boblogaeth. **[6 AYE]**

....

3 Mae'r siart hwn yn dangos dosbarthiad taldra mewn dau grŵp – yr un maint â'i gilydd – o wrywod a benywod 20 oed.

a) Mae'r ddau grŵp yr un maint â'i gilydd. O'r graff, cyfrifwch nifer yr unigolion ym mhob grŵp. [1]

....

b) Ydy taldra yn amrywiad parhaus neu'n amrywiad amharhaus? Rhowch reswm dros eich ateb. [2]

....

c) Mae rhieni yn gallu cael plant sydd, ar ôl tyfu'n oedolion, yn fwy tal na'r ddau riant. Esboniwch sut mae hyn yn bosibl. [2]

....

ch) Mae'r disgyblion sy'n cynnal yr ymchwiliad hwn yn dod i'r casgliad canlynol: 'Yn 20 oed, mae gwrywod yn fwy tal na benywod'. Rhowch **ddau** reswm pam mae'r casgliad hwn yn annibynadwy (unreliable) a/neu yn anghywir (inaccurate). [2]

....

[Cyfanswm = ... / 27 marc]

Gwaith Ymarferol Penodol 8: Ymchwilio i amser adweithio

Ar gyfer y gwaith ymarferol hwn, byddwch chi'n ymchwilio i effaith ffactor – yn yr achos hwn, ymarfer – ar amser adweithio bodau dynol. Byddwch chi'n mesur amser adweithio drwy fesur y pellter mae riwl yn disgyn cyn cael ei dal, a thrawsnewid y pellter hwn yn amser adweithio. Yn y prawf hwn, y rhagdybiaeth rydych chi'n ei phrofi yw bod ymarfer yn lleihau'r amser adweithio.

Nod

Ymchwilio i ffactorau sy'n effeithio ar amser adweithio.

Cyfarpar i bob pâr

- Riwl fetr
- Cadair
- Bwrdd

Dull

1 Gweithiwch mewn parau. Y person cyntaf yw'r arbrofwr a'r ail berson yw'r cyfrannwr.
2 Mae'r cyfrannwr yn eistedd ar y gadair ac yn edrych ar draws yr ystafell, nid i lawr ar ei law.
3 Mae'r cyfrannwr yn gorffwys ei elin *(forearm)* ar draws y bwrdd fel bod ei law yn hongian dros ymyl y bwrdd. Dylai'r cyfrannwr ddefnyddio yr un fraich drwy gydol yr arbrawf.
4 Mae'r arbrofwr yn dal y riwl yn fertigol gyda'r pen isaf, sef 0 cm, yn hongian rhwng bawd a bys cyntaf y cyfrannwr, fel sydd i'w weld yn y diagram.
5 Mae'r arbrofwr yn dal y riwl yn erbyn llaw'r cyfrannwr fel bod y marc sero ar yr un lefel â thop y bawd. Dylai bys a bawd y cyfrannwr gyffwrdd â'r riwl, ond ni ddylai afael ynddi.
6 Heb rybudd, mae'r arbrofwr yn gollwng y riwl ac mae'r cyfrannwr yn ceisio ei dal mor gyflym â phosibl.
7 Cofnodwch y pellter teithio drwy fesur ble cafodd y riwl ei dal, yn union uwchben bawd y cyfrannwr (gweler y diagram).

Mae rhagor o wybodaeth ar gael yng ngwerslyfr **CBAC TGAU Bioleg** ar y tudalennau hyn:

- 130: Sut mae gwybodaeth yn teithio yn y corff?
- 131: Ymchwilio i'r ffactorau sy'n effeithio ar amser adweithio
- 133: Beth yw atgyrch?

Cyfleoedd mathemateg

- Rhannu
- Cyfrifo'r cymedr
- Trosi gwybodaeth rhwng ffurfiau graffigol a ffurfiau rhifiadol

---

Hafaliad allweddol

$$cymedr = \frac{cyfanswm\ y\ canlyniadau}{cyfanswm\ nifer\ y\ canlyniadau}$$

Awgrym

Ffordd arall o wneud yn siŵr bod y bawd yn y safle cywir yw tynnu llinell ar ewin y bawd â marciwr tenau, a dal y marc sero gyferbyn â'r llinell.

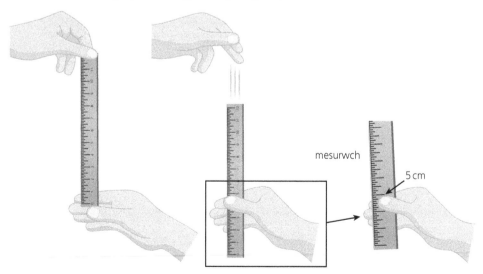

mesurwch

5 cm

Awgrym

Os yw'r cyfrannwr yn methu dal y riwl yn llwyr – sy'n annhebygol – rhowch 30 cm ar gyfer y pellter.

Bioleg

8 Ailadroddwch y prawf gollwng naw gwaith arall, gan roi seibiant byr rhwng pob prawf.

9 Defnyddiwch y tabl isod i drawsnewid y pellterau yn amserau adweithio, a chofnodwch eich canlyniadau yn y tabl yn yr adran **arsylwadau**.

Tabl trawsnewid pellter yn amser adweithio					
Pellter mae'r riwl yn disgyn / cm	Amser adweithio / s	Pellter mae'r riwl yn disgyn / cm	Amser adweithio / s	Pellter mae'r riwl yn disgyn / cm	Amser adweithio / s
1	0.05	11	0.15	21	0.21
2	0.06	12	0.16	22	0.21
3	0.07	13	0.16	23	0.22
4	0.08	14	0.17	24	0.22
5	0.09	15	0.17	25	0.23
6	0.10	16	0.18	26	0.23
7	0.12	17	0.19	27	0.23
8	0.13	18	0.19	28	0.24
9	0.14	19	0.20	29	0.24
10	0.14	20	0.20	30	0.25

10 Os oes digon o amser, ailadroddwch yr arbrawf gydag o leiaf 5 o wirfoddolwyr.

Arsylwadau

1 Cofnodwch eich canlyniadau yn y tabl hwn.

Rhif prawf	Amser adweithio / s					
	Cyfrannwr 1	Cyfrannwr 2	Cyfrannwr 3	Cyfrannwr 4	Cyfrannwr 5	Cymedr
1						
2						
3						
4						
5						
6						
7						
8						
9						
10						

Bioleg

2   Plotiwch y canlyniadau cymedrig. Dylech chi ddewis math o graff sy'n briodol o ran y data.

3   Disgrifiwch unrhyw duedd sydd i'w gweld yn eich canlyniadau.

....

....

....

....

....

....

....

Casgliadau

4   Ydy eich canlyniadau yn cefnogi'r rhagdybiaeth bod ymarfer yn lleihau'r amser adweithio? Rhowch resymau dros eich penderfyniad.

....

....

....

....

....

....

....

Gwerthuso

5 Cymharwch eich canlyniadau chi â chanlyniadau cyfranwyr eraill. Ydy'r canlyniadau'n atgynyrchadwy *(reproducible)*? Cyfiawnhewch eich ateb.

....

....

....

....

....

....

6 Awgrymwch **un** ffordd arall o wella'r dull.

....

....

....

....

....

....

Cwestiynau enghreifftiol

1 Mae arbrawf yn cael ei gynnal i gymharu amserau adweithio gwrywod a benywod. Mae'n rhaid i gyfranwyr bwyso botwm wrth i siâp penodol fflachio ar sgrin, ac mae eu hamser adweithio yn cael ei fesur. Dyma'r canlyniadau.

Rhif prawf	Amser adweithio / s			
	Gwryw 1	Gwryw 2	Benyw 1	Benyw 2
1	0.15	0.22	0.11	0.09
2	0.21	0.24	0.35	0.23
3	0.23	0.15	0.22	0.11
4	0.16	0.26	0.18	0.28
5	0.18	0.19	0.26	0.14
6	0.22	0.21	0.23	0.14
7	0.24	0.14	0.17	0.29
8	0.15	0.18	0.27	0.27
9	0.19	0.12	0.21	0.28
10	0.21	0.22	0.18	0.14
Cymedr	0.19		0.22	0.20

a) Cyfrifwch amser adweithio cymedrig Gwryw 2 a chwblhewch y tabl. [1]

b) Pa un o'r casgliadau canlynol sy'n cyd-fynd orau â'r data? Rhowch reswm dros eich dewis. [2]

A: Mae gwrywod yn adweithio'n gyflymach na benywod.

B: Mae benywod yn adweithio'n gyflymach na gwrywod.

C: Does dim gwahaniaeth rhwng amserau adweithio gwrywod a benywod.

....

....

....

....

....

c) Mae un gwyddonydd yn awgrymu y dylen nhw gynyddu nifer y profion mae pob unigolyn yn eu gwneud. Nodwch un ffordd byddai hyn yn gwella ansawdd y data. [1]

....

....

....

ch) Heblaw am nifer y profion mae pob unigolyn yn eu gwneud, nodwch **ddau** o'r gwendidau eraill yn y dystiolaeth. [2]

....

....

....

....

....

Bioleg

d) Esboniwch pam dydy adweithio i'r siâp ar y sgrin yn y prawf hwn ddim yn cael ei ystyried yn weithred atgyrch. [1]

....

....

2 Mae amser adweithio gwibiwr *(sprinter)* yn gallu bod yn bwysig. Os yw athletwr yn gallu adweithio'n gyflymach i sŵn y gwn cychwyn, gall ennill mantais fawr dros y cystadleuwyr eraill.

Mae pump o athletwyr yn dilyn rhaglen hyfforddi er mwyn ceisio gwella eu hamser adweithio.

Bob dydd am fis, maen nhw'n treulio un awr yn eistedd o flaen sgrin cyfrifiadur sy'n fflachio golau. Does dim modd rhagweld pryd bydd y golau'n fflachio, ac mae'n rhaid i'r athletwyr bwyso botwm ar ôl gweld y golau. Cafodd eu hamser adweithio cymedrig ei brofi cyn ac ar ôl yr hyfforddiant, ac mae'r canlyniadau'n cael eu cymharu.

Mae'r canlyniadau i'w gweld yn y siart hwn.

Yn achos bodau dynol, yr amser adweithio cyfartalog yw 0.25 eiliad i ysgogiad gweledol, 0.17 eiliad i ysgogiad sain, a 0.15 eiliad i ysgogiad cyffwrdd.

Mae'r bobl sy'n gyfrifol am yr hyfforddiant yn penderfynu nad yw'n bosibl ffurfio casgliad pendant ar sail y canlyniadau.

a) Beth yw'r lleihad mwyaf o ran amser adweithio sydd i'w weld gan unrhyw athletwr? [1]

....

b) Disgrifiwch **un** darn o dystiolaeth yn y data sy'n awgrymu bod yr hyfforddiant yn gwella amser adweithio, o bosibl. [1]

....

....

c) Disgrifiwch **un** darn o dystiolaeth yn y data sy'n awgrymu **nad yw'r** hyfforddiant yn gwella amser adweithio, o bosibl. [1]

....

....

ch) Awgrymwch pam efallai na fyddai'r astudiaeth hon yn ddilys i'w defnyddio yng nghyd-destun adweithio i'r gwn cychwyn. [2]

....

....

....

....

[Cyfanswm = ... **/ 12 marc]**

Gwaith Ymarferol Penodol 9: Profi samplau troeth artiffisial

Ar gyfer y gwaith ymarferol hwn, byddwch chi'n profi samplau **troeth** artiffisial am bresenoldeb protein a glwcos. Ni ddylai'r naill na'r llall fod yn bresennol mewn troeth iach. Mae presenoldeb glwcos yn un o symptomau clinigol **diabetes**, ac mae presenoldeb protein yn gallu bod yn arwydd o niwed i'r arennau.

Nod

Profi samplau troeth artiffisial am bresenoldeb protein a glwcos.

Cyfarpar ac adweithyddion

- 4 × tiwb profi
- 4 × chwistrell 5 cm³
- Silindr mesur 10 cm³
- Adweithydd Benedict
- Hydoddiannau biwret A a B
- Samplau 30 cm³ o droeth artiffisial, wedi'u labelu'n A, B, C ac Ch
- Baddon dŵr, wedi'i osod ar 80 °C

Dull

Rhan A: Prawf Benedict ar gyfer siwgrau rhydwythol (profi am glwcos)

1 Gan ddefnyddio silindr mesur 10 cm³, rhowch 5 cm³ o sampl troeth A mewn tiwb profi.
2 Ychwanegwch 5 cm³ o adweithydd Benedict at y tiwb profi a chwyrlïwch y cymysgedd.
3 Rhowch y tiwb profi yn y baddon dŵr 80 °C am tua 5 munud, neu nes y bydd lliw'r cymysgedd yn stopio newid.
4 Arsylwch a chofnodwch unrhyw newidiadau o ran lliw yn ystod yr amser hwnnw. Cofnodwch y lliw terfynol yn y tabl yn yr adran **arsylwadau**.
5 Ailadroddwch gamau 1–4 gyda samplau troeth B, C ac Ch.

Rhan B: Prawf biwret ar gyfer protein

1 Gan ddefnyddio silindr mesur 10 cm³, rhowch 5 cm³ o sampl troeth A mewn tiwb profi.
2 Ychwanegwch yr un cyfaint o hydoddiant biwret A at y tiwb profi.
3 Ychwanegwch rai diferion o hydoddiant biwret B at y tiwb profi.
4 Arsylwch a chofnodwch unrhyw newidiadau o ran lliw yn ystod yr amser hwnnw. Cofnodwch y lliw terfynol yn y tabl yn yr adran **arsylwadau**.
5 Ailadroddwch gamau 1–4 gyda samplau troeth B, C ac Ch.

Mae rhagor o wybodaeth ar gael yng ngwerslyfr **CBAC TGAU Bioleg** ar y tudalennau hyn:

- 136–137: Beth sy'n digwydd pan mae rheoli glwcos yn mynd o'i le?
- 137: Beth yw adborth negatif?
- 144–145: Sut mae'r arennau yn gweithio?

Termau allweddol

Troeth: hydoddiant sy'n cynnwys gwastraff nitrogenaidd ac sy'n cael ei gynhyrchu yn yr arennau.

Diabetes: cyflwr sy'n golygu bod y claf yn methu rheoli lefelau glwcos yn y gwaed, naill ai oherwydd diffyg inswlin (math 1) neu oherwydd diffyg sensitifedd i inswlin (math 2).

Iechyd a diogelwch

Gwisgwch gyfarpar amddiffyn y llygaid. Mae ethanol (hylif ac anwedd) yn fflamadwy iawn ac ni ddylai ddod yn agos at fflam llosgydd Bunsen. Mae hefyd yn niweidiol os yw'n cael ei lyncu.

Mae hydoddiant biwret yn cynnwys copr sylffad a sodiwm hydrocsid. Mae copr sylffad yn wenwynig ac mae sodiwm hydrocsid yn gyrydol, felly mae angen bod yn ofalus wrth drin yr hydoddiant. Sychwch unrhyw ddiferyn o hydoddiant sy'n cael ei ollwng, ac os yw'n dod i gysylltiad â'r croen, golchwch y croen ar unwaith.

Awgrym

Mae siwgr rhydwythol yn newid lliw'r adweithydd Benedict o las i wyrdd i oren i goch lliw bricsen.

Awgrym

Os oes protein yn bresennol, bydd lliw y biwret yn newid o las i borffor.

Arsylwadau

1 Cofnodwch eich arsylwadau yn y tabl hwn.

Sampl	Rhan A: Prawf Benedict		Rhan B: Prawf biwret	
	Lliw terfynol	Glwcos yn bresennol? Ydy / Nac ydy	Lliw terfynol	Protein yn bresennol? Ydy / Nac ydy
A				
B				
C				
Ch				

Casgliadau

2 O'r pedwar claf, A–Ch, pa glaf/cleifion allai fod yn dioddef o

a) diabetes?

....

b) niwed i'r arennau?

....

3 Dydy canlyniad negatif yn y prawf Benedict ddim yn profi nad oes unrhyw siwgrau'n bresennol mewn sampl. Esboniwch pam.

....

....

....

....

Gwerthuso

4 Mae prawf **meintiol** yn mesur faint o sylwedd sy'n bresennol. Yr unig beth mae prawf **ansoddol** yn ei wneud yw dweud wrthych chi a yw'r sylwedd yn bresennol ai peidio.
Weithiau, bydd prawf Benedict yn cael ei ddisgrifio fel prawf lled-feintiol. Esboniwch pam.

....

....

....

....

Bioleg

Cwestiynau enghreifftiol

1 Mae samplau bwyd yn cael eu profi ar gyfer y maetholion canlynol: siwgr, brasterau, proteinau a startsh. Mae'r canlyniadau i'w gweld yn y tabl hwn.

| Sampl | Lliw terfynol y prawf | | | |
	Prawf ïodin	Prawf Benedict	Prawf biwret	Prawf emwlsiwn
A	du-las	coch lliw bricsen	glas	di-liw
B	oren-frown	gwyrdd	glas	di-liw
C	du-las	glas	glas	gwyn llaethog
Ch	oren-frown	oren	porffor	di-liw

a) O'r maetholion dan sylw, pa rai sy'n bresennol yn

i) sampl A [1]

....

ii) sampl B [1]

....

iii) sampl C [1]

....

iv) sampl Ch? [1]

....

b) Pa gasgliadau byddech chi'n eu ffurfio o ganlyniadau'r prawf Benedict? [4]

....

....

....

....

c) Mae'r prawf ïodin yn enghraifft o brawf **ansoddol**. Esboniwch ystyr y term hwn. [1]

....

....

....

....

Bioleg

2 Disgrifiwch y camau yn y broses o brofi sampl o gacen/teisen am bresenoldeb glwcos. Disgrifiwch sut mae canlyniad positif a chanlyniad negatif yn edrych. **[6 AYE]**

....

....

....

....

....

....

....

....

....

....

....

3 Mae pedwar sampl gwahanol yn cael eu profi am siwgrau gan ddefnyddio prawf Benedict. Mae'r canlyniadau i'w gweld yn y tabl hwn.

Hydoddiant prawf	Lliw terfynol
1	oren
2	gwyrdd
3	coch lliw bricsen
4	glas

a) Pa gasgliadau gallwch chi eu ffurfio o'r prawf hwn? **[4]**

....

....

....

....

b) Awgrymwch un ffordd o addasu'r prawf Benedict i'w wneud yn brawf cwbl feintiol (hynny yw, prawf sy'n rhoi rhif ar gyfer faint o siwgr sy'n bresennol). **[2]**

....

....

....

....

[Cyfanswm = ... / 21 marc]

Bioleg

Gwaith Ymarferol Penodol 10: Ymchwilio i effaith gwrthfiotigau

Ar gyfer y gwaith ymarferol hwn, byddwch chi'n ymchwilio i effaith cyfryngau gwrthficrobaidd ar dwf bacteria. Mae bacteria yn tyfu ar blatiau agar ac mae disgiau papur hidlo, wedi'u mwydo *(soaked)* mewn cyfryngau gwrthficrobaidd gwahanol, wedi'u gosod ar y platiau. Cemegion yw **cyfryngau gwrthficrobaidd**, ac maen nhw naill ai'n lladd bacteria (sef gwrthfiotig) neu'n atal twf bacteria (sef antiseptig). Yn yr arbrawf hwn, does dim modd dweud y gwahaniaeth rhwng y ddau ddull gweithredu hyn. Mae'r cyfrwng gwrthficrobaidd yn tryledu i mewn i'r agar o'r disg, gan fynd yn llai crynodedig wrth iddo dryledu a chreu graddiant crynodiad. Pan mae'r crynodiad yn mynd yn is na'r lefel critigol, bydd bacteria yn gallu goroesi a thyfu ar yr agar. Mae diamedr yr **ardal ataliad** o amgylch pob disg yn dangos pa mor gryf yw'r effaith wrthficrobaidd.

Nod

Ymchwilio i effaith gwrthfiotigau ar dwf bacteria.

Cyfarpar ac adweithyddion

- Plât agar meithrin
- Llosgydd Bunsen
- Mat gwrth-wres
- Pibed blastig dafladwy
- Meithriniad bacteriol (*E. coli*)
- Lledaenydd gwydr
- Disgiau papur hidlo
- Tri chyfrwng gwrthficrobaidd (fel TCP, cegolch *(mouthwash)* ac eli gwrthfacteria)

- Hylif diheintio ar gyfer y fainc
- Bicer gwaredu yn cynnwys diheintydd
- Bicer bach o ethanol
- Gefel
- Tâp clir
- Hylif golchi dwylo
- Pensil cwyr *(wax)*
- Magwrydd *(incubator)*

Dull

Rhan A: Paratoi'r platiau agar

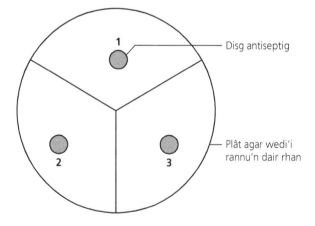

Disg antiseptig

Plât agar wedi'i rannu'n dair rhan

1 Rhowch y llosgydd Bunsen ar fat gwrth-wres yng nghanol eich man gweithio. Trowch y llosgydd Bunsen ymlaen a'i adael ar fflam felen.
2 Cymerwch blât agar meithrin. Yn ystod camau 3 a 4, sicrhewch fod y clawr yn aros ar y ddysgl Petri i atal halogiad.
3 Tynnwch linellau ar waelod y plât agar gan ddefnyddio pensil cwyr neu farciwr anhydawdd i rannu'r plât yn dair rhan hafal. Rhifwch y rhannau'n 1, 2 a 3 ar ymyl y plât. Rhowch un dot yng nghanol pob rhan.

Mae rhagor o wybodaeth ar gael yng ngwerslyfr **CBAC TGAU Bioleg** ar y tudalennau hyn:
- 150–151: Sut gallwn ni dyfu micro-organebau?
- 151–152: Techneg aseptig
- 153: Archwilio i effaith gwrthfiotigau ar dwf bacteria

Termau allweddol

Cyfrwng gwrthficrobaidd: cemegyn sy'n lladd bacteria (gwrthfiotig) neu sy'n atal twf bacteria (antiseptig).

Ardal ataliad: rhan o blât microbaidd lle mae twf microbau wedi'i atal.

Iechyd a diogelwch

Gwisgwch gyfarpar amddiffyn y llygaid. Rhaid i chi ddefnyddio technegau aseptig priodol wrth drin micro-organebau.

Mae ethanol yn fflamadwy iawn. Sicrhewch fod yr ethanol mor bell â phosibl oddi wrth y llosgydd Bunsen bob amser. Gweler Hazcard CLEAPSS 40A.

Rhaid i chi sicrhau bod eich dwylo a'ch mannau gweithio wedi'u glanhau'n drwyadl cyn ac ar ôl yr ymchwiliad.

Rhaid defnyddio'r tâp i gau cloriau'r platiau agar yn dynn, ond peidiwch â'u selio'n llwyr. **Peidiwch** â thynnu'r cloriau wrth fesur yr ardaloedd clir.

Dylai'r holl gyfarpar sydd wedi dod i gysylltiad â micro-organebau gael ei ddinistrio mewn modd addas neu ei ddiheintio yn syth ar ôl yr arbrawf.

Cyfleoedd mathemateg $\sqrt{2^3+1}$

- Cyfrifo'r cymedr
- Cyfrifo arwynebeddau

Nodyn

Gall eich athro baratoi'r platiau agar i chi, ond mae angen i chi ddysgu am ddull sy'n cael ei ddefnyddio felly mae wedi'i gynnwys yma. Cofiwch fod angen:
- chwistrellu'r fainc â hylif diheintio a'i sychu â thywelion papur ar ddechrau'r broses
- golchi eich dwylo â hylif golchi gwrthfacteria.

4 O amgylch ymyl y plât, ysgrifennwch lythyren gyntaf eich enw cyntaf a'ch cyfenw, y dyddiad, ac enw'r bacteriwm (*E. coli*).

5 Trowch y fflam Bunsen yn las.

6 Tynnwch glawr y botel sy'n cynnwys y meithriniad bacteria, cadwch y clawr yn eich llaw a rhowch wddf y botel drwy'r fflam Bunsen, gan droi'r botel o ochr i ochr yn gyflym. Mae hyn yn 'fflamio' gwddf y botel ac yn helpu i atal halogiad. Peidiwch â dal y botel yn llonydd yn y fflam, oherwydd gallai'r gwydr dorri.

7 Gan ddefnyddio pibed dafladwy, casglwch tua 1 cm³ o'r meithriniad bacteriol.

8 Fflamiwch wddf y botel yn gyflym unwaith eto a rhowch y clawr yn ôl yn ei le. Codwch glawr y plât agar ar ongl o 45° (gyda'r agoriad yn wynebu'r fflam Bunsen) fel nad yw ar agor yn llawn.

9 Defnyddiwch y bibed i roi'r sampl bacteria 1 cm³ ar y plât agar a rhowch y clawr yn ôl yn ei le. Rhowch y bibed yn y bicer gwaredu a throwch fflam y llosgydd Bunsen yn felyn unwaith eto.

10 Rhowch y lledaenydd gwydr mewn ethanol, ei dynnu allan a'i ysgwyd i gael gwared ar unrhyw ddiferion ethanol oddi arno. Rhowch y lledaenydd gwydr drwy'r fflam. Daliwch y lledaenydd gwydr yn llorweddol i wneud yn siŵr nad oes unrhyw hylif yn diferu i lawr ar eich llaw.

11 Gadewch i'r fflam ar y lledaenydd gwydr ddiffodd a gadewch i'r lledaenydd oeri am tua 20 eiliad.

12 Codwch glawr y plât agar ar ongl o 45° fel nad yw ar agor yn llawn, a lledaenwch y bacteria o amgylch y plât gan ddefnyddio'r lledaenydd gwydr. Caewch glawr y plât agar a rhowch y lledaenydd gwydr yn y bicer gwaredu.

Rhan B: Ychwanegu'r disgiau antiseptig

1 Paratowch dri disg gwrthficrobaidd gwahanol, naill ai drwy fwydo'r disg yn yr hylif neu drwy ledaenu'r eli neu'r past ar y disg.

2 Codwch glawr y plât agar fel o'r blaen ac yna, gan ddefnyddio'r efel, rhowch bob disg yn ofalus ar un o'r dotiau sydd wedi'u lluniadu â'r pensil cwyr. Rhowch y clawr yn ôl yn ei le wrth gasglu disg newydd.

3 Cofnodwch pa gyfrwng gwrthficrobaidd sydd ym mhob rhan o'r plât.

4 Rhowch glawr y plât agar yn ei le gan ddefnyddio dau ddarn bach o dâp clir (peidiwch â selio'r clawr yr holl ffordd o amgylch y plât).

5 Gadewch i'r platiau fagu am 48 awr ar 25 °C.

Awgrym

Sicrhewch fod y llosgydd Bunsen ymlaen ac yn agos at y ddysgl Petri wrth i chi weithio. Bydd hyn yn creu cerrynt darfudiad sy'n helpu i atal bacteria rhag disgyn ar y plât.

Awgrym

Mae rhoi'r efel drwy'r fflam Bunsen cyn codi'r disgiau yn arfer da, er bod y disgiau wedi'u mwydo mewn cyfrwng gwrthficrobaidd fydd yn atal halogiad.

Nodyn

Peidiwch ag agor y platiau. Dylai fod ardal glir o amgylch pob disg lle mae'r cyfrwng gwrthficrobaidd wedi tryledu i mewn i'r agar a lladd y bacteria. Byddwch chi'n mesur yr ardaloedd clir hyn yn nes ymlaen.

Bioleg

Arsylwadau

1 Mesurwch ddiamedr yr ardal glir o amgylch pob disg gan ddefnyddio riwl. Cymerwch ail fesuriad ar 90° i'r mesuriad cyntaf. Cyfrifwch y diamedr cymedrig a'i gofnodi yn y tabl hwn.

Cyfrwng gwrthficrobaidd	Diamedr yr ardal glir / cm		
	1	2	Cymedr

2 Pam mai dim ond ar ôl magu'r plât y gallwch chi weld y bacteria ar y plât?

....

Casgliadau

3 Rhowch y cyfryngau gwrthficrobaidd yn nhrefn eu heffeithiolrwydd yn erbyn y bacteriwm hwn.

....

....

4 Rhowch sylwadau am gryfder y dystiolaeth o blaid eich ateb i gwestiwn 3.

....

....

....

....

....

Gwerthuso

5 Pam mae technegau aseptig yn bwysig?

....

....

....

....

6 Pam nad yw'r plât agar yn cael ei selio'n llwyr?

....

....

....

7 Pam nad yw'r plât agar yn cael ei fagu ar 37 °C?

....

....

....

Bioleg

Cwestiynau enghreifftiol

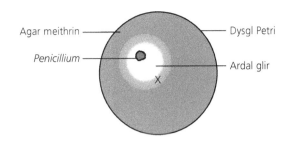

Agar meithrin — Dysgl Petri
Penicillium — Ardal glir
X

1 Cafodd y gwrthfiotig penisilin ei ddarganfod gan Alexander Fleming yn 1928. Digwyddodd hyn ar ddamwain pan wnaeth y ffwng *Penicillium* halogi plât agar â bacteria yn tyfu arno.

Sylwodd Fleming ar ardal glir o amgylch y ffwng lle doedd dim bacteria'n tyfu (fel sydd i'w weld yn y diagram).

a) Pa broses oedd wedi achosi i'r gwrthfiotig ledaenu i ffwrdd oddi wrth y ffwng? [1]

....

b) Esboniwch ymddangosiad *(appearance)* yr agar ar bwynt X. [2]

....

....

....

c) Gan dybio bod y *Penicillium* yn parhau i gynhyrchu gwrthfiotigau, disgrifiwch ac esboniwch sut bydd ymddangosiad y plât agar yn newid dros yr ychydig oriau nesaf. [2]

....

....

....

ch) Dros y blynyddoedd diwethaf, mae penisilin wedi mynd yn llai effeithiol o ran trin clefydau. Esboniwch pam. [4]

....

....

....

....

2 Mae pobl wedi awgrymu bod olew oregano ac olew hadau mwstard yn cynnwys gwrthfiotigau naturiol. Mae disgybl eisiau gweld a yw hyn yn wir, ac os yw'n wir, mae hi eisiau cymharu pa mor effeithiol yw'r ddau olew.

I brofi'r ddau olew, mae hi'n penderfynu defnyddio plât agar â bacteria yn tyfu arno, a disgiau papur hidlo.

Disgrifiwch sut byddai hi'n cynnal yr arbrawf. Dylech chi gynnwys manylion am y newidynnau rheolydd ac esbonio sut byddai'r canlyniadau'n cael eu dadansoddi. [6 AYE]

....

....

....

....

....

....

....

....

....

[Cyfanswm = ... / 15 marc]

Bioleg

Gwaith Ymarferol Penodol 1: Adnabod cyfansoddion ïonig

Mae rhai cemegion yn adweithio â mathau eraill o gemegion mewn ffordd mor unigryw, gallwn ni eu defnyddio nhw fel profion cemegol. Er enghraifft, mae potasiwm deucromad yn newid lliw o oren i wyrdd wrth ddod i gysylltiad â rhai alcoholau, gan gynnwys ethanol, ac felly roedd yn cael ei ddefnyddio mewn anadliedyddion *(breathalysers)* cynnar. Pwrpas y rhan fwyaf o'r profion cemegol hyn yw profi am bresenoldeb mathau penodol o **ïon** mewn **cyfansoddion** ïonig. Ar gyfer y gwaith ymarferol hwn, byddwch chi'n defnyddio dau brawf cemegol gwahanol. Drwy wneud y profion gan ddilyn y drefn isod, dylech chi allu adnabod nifer o solidau anhysbys.

Nod

Defnyddio profion fflam a phrofion cemegol am ïonau i adnabod cyfansoddion ïonig anhysbys.

Cyfarpar ac adweithyddion

- Llosgydd Bunsen a mat gwrth-wres
- 2 × sblint pren
- Bicer 25 cm^3
- Marciwr
- Tiwbiau profi
- Pibedau diferu
- Dŵr wedi'i ddad-ïoneiddio
- Samplau o gyfansoddion ïonig solid, wedi'u labelu'n A–Dd
- Hydoddiant asid nitrig 0.1 mol/dm^3
- Hydoddiant arian nitrad 0.1 mol/dm^3

Dull

Ar gyfer y gwaith ymarferol hwn, byddwch chi'n adnabod gwahanol gyfansoddion ïonig. Er mwyn adnabod y cyfansoddion hyn, byddwch chi'n gwneud dau brawf cemegol.

Awgrym

Gwnewch yn siŵr eich bod chi'n cofnodi eich canlyniadau yn y tabl yn yr adran **arsylwadau**. Wrth wneud arsylwadau, disgrifiwch beth rydych chi'n ei weld mor drylwyr â phosibl. Os ydych chi'n gweld newid, disgrifiwch sut mae'r sampl rydych chi'n ei brofi yn edrych cyn ac ar ôl y newid (er enghraifft, hydoddiant di-liw clir yn newid i waddod lliw hufen).

Darllenwch y dull yn ofalus, o'r dechrau i'r diwedd, cyn dechrau'r arbrawf. Os nad ydych chi'n deall un o'r camau, gofynnwch i'ch athro am help cyn dechrau'r arbrawf er mwyn osgoi unrhyw risg ychwanegol.

Prawf 1: Prawf fflam

1 Rhowch ddŵr wedi'i ddad-ïoneiddio yn y bicer.
2 Rhowch y llosgydd Bunsen ar y mat gwrth-wres a'i droi ymlaen.
3 Dipiwch sblint pren yn y dŵr, ac yna dipiwch y sblint yn un o'ch samplau solid.
4 Rhowch y sblint a'r sampl ychydig uwchben côn glas llachar y fflam Bunsen las ffyrnig. Cofnodwch y lliw mae'r ïonau yn y fflam yn ei ryddhau.
5 Ailadroddwch gamau 3–5 gan ddefnyddio'r samplau solid sydd ar ôl. Defnyddiwch sblint newydd bob tro.

Prawf 2: Profi am halidau (ïonau Grŵp 7)

1 Rhowch sbatwla o bob sampl solid mewn tiwbiau profi ar wahân. Labelwch bob tiwb.
2 Hydoddwch bob sampl yn y swm lleiaf posibl o ddŵr wedi'i ddad-ïoneiddio.
3 Ychwanegwch un bibed lawn o hydoddiant asid nitrig at bob sampl.
4 Ychwanegwch un bibed lawn o hydoddiant arian nitrad at bob sampl. Cofnodwch eich arsylwadau.

Mae rhagor o wybodaeth ar gael yng ngwerslyfr **CBAC TGAU Cemeg** ar y tudalennau hyn:

- 28–30: Profion fflam
- 34–35: Adnabod halidau

Termau allweddol

Ïon: gronyn â gwefr drydanol sy'n cynnwys nifer gwahanol o brotonau ac electronau.

Cyfansoddyn: sylwedd sy'n cynnwys o leiaf dwy elfen wahanol sydd wedi uno'n gemegol â'i gilydd.

Iechyd a diogelwch

Gwisgwch gyfarpar amddiffyn y llygaid. Mae arian nitrad yn wenwynig ac mae asid nitrig yn gemegyn perygl isel. Gallai'r cemegion hyn ddod i gysylltiad â'ch llygaid a'ch croen wrth i chi eu trosglwyddo nhw. Ceisiwch beidio â gollwng y cemegion hyn ar eich croen. Golchwch eich croen ar unwaith os yw hyn yn digwydd. Os ydych chi'n llyncu sylwedd ar ddamwain, ewch i gael cymorth meddygol ar unwaith.

Mae llosgyddion Bunsen a dolenni gwifren poeth yn gallu achosi llosgiadau difrifol. Gadewch i'r cyfarpar oeri ar fat gwrth-wres cyn ei gyffwrdd. Os cewch chi eich llosgi, rhowch y man sydd wedi'i losgi o dan ddŵr oer sy'n rhedeg am o leiaf 5 munud.

Dylech chi drin pob solid fel pe bai'n niweidiol. Rhowch wybod i'ch athro os bydd unrhyw sylwedd yn cael ei ollwng ar yr arwynebau gweithio. Os bydd unrhyw sylwedd yn dod i gysylltiad â'r croen, golchwch y croen ar unwaith.

Awgrym

Fflam las ffyrnig yw'r fflam sy'n cael ei chreu pan mae twll aer llosgydd Bunsen ar agor yn llawn; mae'r fflam yn gwneud sŵn rhuo.

Awgrym

Gwnewch yn siŵr bod twll aer y llosgydd Bunsen ar agor yn llawn er mwyn cael lliw cwbl glir yn ystod y prawf fflam.

Nodyn

Mae ïonau halid sy'n adweithio ag arian nitrad yn cynhyrchu gwaddod. Mae lliw'r gwaddod yn dibynnu ar yr halid – gwyn ar gyfer clorid, lliw hufen (melyn golau) ar gyfer bromid, a melyn ar gyfer ïodid.

Gyda'r prawf hwn, mae'n gallu bod yn anodd dweud y gwahaniaeth rhwng y canlyniadau positif ar gyfer bromid ac ïodid, oni bai eich bod chi'n eu gweld nhw ochr yn ochr. Mae ïodid yn rhoi gwaddod mwy melyn na bromid. Efallai gall eich athro ddangos lliw pob gwaddod i chi er mwyn i chi allu cymharu eich canlyniadau â'r enghreifftiau hyn.

Arsylwadau

1   Cofnodwch eich arsylwadau yn y tabl hwn.

Sampl	Prawf 1	Prawf 2
A		
B		
C		
Ch		
D		
Dd		

Casgliadau

2   Defnyddiwch ganlyniadau'r profion i adnabod cyfansoddion A–Dd. Dylech chi gynnwys esboniad byr o beth mae'r ddau brawf yn ei ddweud wrthych chi am y cyfansoddyn.

Cyfeiriwch at dudalennau 28–29 a 34–35 yng ngwerslyfr **CBAC TGAU Cemeg** i'ch helpu chi â hyn.

A: ....

....

....

B: ....

....

....

C: ....

....

....

Ch: ....

....

....

D: ....

....

....

Dd: ....

....

....

Gwerthuso

3   Bydd eich athro yn rhoi enwau cyfansoddion A–Dd i chi.

A wnaethoch chi adnabod pob cyfansoddyn yn gywir? Os na wnaethoch chi, rhowch esboniad cryno o'ch camgymeriad(au) a sut gallech chi osgoi hyn mewn profion yn y dyfodol.

....

....

....

....

....

Cemeg

Cwestiynau enghreifftiol

1   Mae technegydd yr ysgol yn darganfod bod y labeli wedi cael eu tynnu oddi ar rai jariau sy'n cynnwys halidau metel Grŵp 1. Mae pob un o'r halidau yn solid gwyn, ac mae'n amhosibl eu hadnabod nhw ar sail eu hymddangosiad.

a) Disgrifiwch gyfres o brofion allai gael eu defnyddio i adnabod pob un o'r cyfansoddion.

   Dylech chi gynnwys disgrifiad byr yn nodi pa wybodaeth byddai pob prawf yn ei rhoi am y cyfansoddyn rydych chi'n ei brofi.   [6 AYE]

b) Ar ôl y profion, mae rhywun yn amau bod un o'r jariau yn cynnwys cyfansoddyn bariwm, elfen grŵp 2. Disgrifiwch yr arsylwad a wnaeth y technegydd fyddai'n awgrymu bod un o'r cyfansoddion yn cynnwys bariwm.   [1]

c) Ysgrifennwch yr hafaliad ïonig ar gyfer yr adwaith rhwng arian nitrad a lithiwm ïodid, gan gynnwys symbolau cyflwr.   [3]

Cemeg

2 Mae disgybl yn cofnodi'r canlyniadau isod ar ôl gwneud profion cemegol ar hydoddiannau o bedwar cyfansoddyn gwahanol.

Sampl	Prawf fflam	Ychwanegu arian nitrad	Enw'r cyfansoddyn
1	fflam oren-melyn	gwaddod lliw hufen	
2	fflam ruddgoch	gwaddod gwyn	
3	fflam goch lliw bricsen	gwaddod gwyn	
4	fflam lelog	gwaddod melyn	

a) Enwch bob cyfansoddyn a chwblhewch y tabl. [4]

b) Rhowch y canlyniadau byddech chi'n eu disgwyl ar gyfer y ddau brawf gan ddefnyddio bariwm bromid, $BaBr_2$. [2]

Sampl	Prawf fflam	Ychwanegu arian nitrad
$BaBr_2$		

(HU) c) Ysgrifennwch hafaliad ïonig, gan gynnwys symbolau cyflwr, ar gyfer yr adwaith rhwng bariwm bromid a hydoddiant arian nitrad. [3]

....

....

....

ch) Yna, mae'r disgybl yn cael sampl o clorocalsit, $CaKCl_3$.

i) Nodwch pa brawf gallai'r disgybl ei gynnal i gadarnhau presenoldeb ïonau clorid. Disgrifiwch yr arsylwad ar gyfer prawf positif. [2]

Prawf: ....

Arsylwad: ....

....

ii) Esboniwch pam gallai prawf fflam fod yn anaddas i adnabod yr ïonau metel mewn clorocalsit. [2]

....

....

....

[Cyfanswm = ... / 23 marc]

Cemeg

Gwaith Ymarferol Penodol 2: Darganfod caledwch dŵr

Dydy'r dŵr rydyn ni'n ei echdynnu o ffynonellau naturiol ddim yn **sylwedd pur**. Mae'n cynnwys nifer o **hydoddion** gwahanol – o nwyon wedi'u hydoddi i fwynau wedi'u hydoddi. Yn y Deyrnas Unedig, y mwynau mwyaf cyffredin sydd wedi hydoddi yw'r rhai sy'n cynnwys calsiwm a magnesiwm. Yr enw ar ddŵr sy'n cynnwys crynodiad uchel o ïonau calsiwm a/neu fagnesiwm yw **dŵr caled**. Mae caledwch dŵr yn gallu bod **dros dro** neu'n **barhaol**. Mae dŵr caled yn gallu achosi effeithiau anghyfleus yn y gegin – er enghraifft, haen o galch yn cronni mewn tegelli, boeleri, peiriannau golchi dillad a llestri, a phibellau dŵr. Mae hyn yn arwain at wastraffu egni gwres a phibellau wedi'u blocio, sy'n beryglus. Mae cemegwyr yn gallu dadansoddi samplau dŵr i ddarganfod sut i gael gwared ar y caledwch, gan greu **dŵr meddal**.

Nod

Defnyddio hydoddiant sebon i ddarganfod faint o galedwch sydd mewn dŵr.

Cyfarpar ac adweithyddion

- Silindr mesur 10 cm³
- Silindr mesur 5 cm³
- Tiwb berwi a thopyn
- Potel olchi
- Rhesel tiwbiau profi
- Marciwr
- Stopwatsh
- Hydoddiant sebon
- Dŵr distyll neu ddŵr wedi'i ddad-ïoneiddio
- Samplau o ddŵr, wedi'u labelu'n A–D
- Samplau o ddŵr berwedig, wedi'u labelu'n bA–bD (i gynrychioli'r un samplau ar ôl eu berwi: berwedig A, berwedig B, ac ati)

Dull

1 Mesurwch 10 cm³ o sampl dŵr A a'i arllwys i mewn i'r tiwb berwi.

2 Mesurwch 1 cm³ o hydoddiant sebon a'i ychwanegu at y dŵr yn y tiwb berwi.

3 Rhowch y topyn ar ben y tiwb berwi. Ysgydwch y tiwb yn egnïol am o leiaf 5 eiliad, gan roi eich bawd ar ben y topyn i'w ddal yn ei le.

4 Edrychwch ar y **trochion sebon** yn y sampl dŵr. Os oes trochion sebon parhaol yn ffurfio, cofnodwch gyfaint yr hydoddiant sebon rydych chi wedi'i ddefnyddio yn yr adran **arsylwadau**, a symudwch ymlaen i gam 5. Os nad oes trochion sebon parhaol yn ffurfio, ailadroddwch gamau 2–4 nes bod trochion sebon parhaol yn ffurfio.

Awgrym

Trochion sebon parhaol yw trochion sy'n para am o leiaf 30 eiliad ar ôl ysgwyd y sampl.

5 Defnyddiwch y botel olchi a'r **dŵr distyll** neu'r **dŵr wedi'i ddad-ïoneiddio** i olchi'r tiwb berwi a'r topyn yn dda.

6 Ailadroddwch gamau 1–5 gyda gweddill y samplau dŵr nes eich bod chi wedi profi'r samplau i gyd.

Termau allweddol

Trochion sebon: haen o swigod sebon sy'n ffurfio ar ben y dŵr.

Dŵr distyll: dŵr sydd wedi cael ei ferwi ac yna ei gyddwyso i gael gwared ar unrhyw solidau sydd wedi hydoddi.

Dŵr wedi'i ddad-ïoneiddio: dŵr ag unrhyw ïonau calsiwm neu fagnesiwm wedi'u tynnu ohono neu eu cyfnewid am ïonau sodiwm (dydy ïonau sodiwm ddim yn achosi caledwch dŵr, felly mae cyfnewid yr ïonau calsiwm neu fagnesiwm am ïonau sodiwm yn meddalu'r dŵr).

Mae rhagor o wybodaeth ar gael yng ngwerslyfr **CBAC TGAU Cemeg** ar y tudalennau hyn:

- 39–49: Dŵr

Termau allweddol

Sylwedd pur: sylwedd sy'n cynnwys un cemegyn yn unig.

Hydoddyn: cemegyn sy'n cael ei hydoddi mewn hydoddydd i ffurfio hydoddiant.

Dŵr caled: dŵr sy'n cynnwys crynodiad uchel o ïonau calsiwm a/neu fagnesiwm.

Caledwch parhaol: dŵr caled sydd ddim yn gallu cael ei feddalu drwy ei ferwi.

Caledwch dros dro: dŵr caled sy'n gallu cael ei feddalu drwy ei ferwi.

Dŵr meddal: dŵr sy'n cynnwys crynodiad isel o ïonau calsiwm a/neu fagnesiwm.

Iechyd a diogelwch

Gwisgwch gyfarpar amddiffyn y llygaid drwy'r amser. Mae hydoddiant sebon yn llidus i'r llygaid. Gallai ddod i gysylltiad â'r llygaid neu'r croen wrth i chi ei ychwanegu at y samplau dŵr. Rhowch wybod i'ch athro os bydd unrhyw hydoddiant yn cael ei ollwng ar yr arwynebau gweithio. Os bydd yr hydoddiant yn dod i gysylltiad â'r croen, golchwch y croen ar unwaith.

Mae'r samplau dŵr yn cael eu hystyried yn sylwedd perygl isel.

Cyfleoedd mathemateg $\sqrt{2^3+1}$

- Mesur cyfaint

Arsylwadau

1 Cofnodwch gyfaint y sebon gafodd ei ddefnyddio i greu trochion sebon parhaol ar gyfer pob sampl.

Sampl dŵr	A	bA	B	bB	C	bC	Ch	bCh	D	bD
Cyfaint yr hydoddiant sebon / cm³										

Casgliadau

2 Defnyddiwch eich canlyniadau i ddisgrifio pob sampl dŵr. Dylech chi gynnwys:

- swm cymharol y caledwch ym mhob sampl heb ei ferwi, er mwyn darganfod pa sampl dŵr yw'r un mwyaf caled
- y math o galedwch sy'n bresennol ym mhob sampl, sy'n gallu cael ei ddarganfod os yw'r caledwch yn newid ar ôl ei ferwi.

Sampl A: ....

....

Sampl B: ....

....

Sampl C: ....

....

Sampl Ch: ....

....

Sampl D: ....

....

Gwerthuso

3 Bydd eich athro yn rhoi arsylwadau disgwyliedig i chi ar gyfer pob un o'r deg sampl dŵr.

A oedd eich disgrifiad o galedwch cymharol pob sampl, a'r math o galedwch ym mhob sampl, yn gywir?

Os nad oedd, esboniwch eich camgymeriad yn gryno a nodwch sut gallech chi osgoi hyn mewn profion yn y dyfodol.

Awgrym

Er mwyn darganfod y math o galedwch, mae cemegwyr yn cymharu caledwch y samplau wedi'u berwi â'r samplau heb eu berwi er mwyn darganfod faint o galedwch dros dro oedd ynddo, os o gwbl.

....

....

....

....

....

....

Cwestiynau enghreifftiol

1 Mae disgybl yn mynd i'r ysgol mewn ardal â dŵr caled lle mae crynodiad uchel o gyfansoddion calsiwm wedi'u hydoddi.

Mae'r disgybl yn penderfynu darganfod caledwch cymharol tri sampl dŵr gwahanol o'r ardal leol, a darganfod y *math* o galedwch ym mhob sampl.

a) Disgrifiwch sut gallai'r disgybl ddarganfod y caledwch cymharol a'r math o galedwch ym mhob sampl dŵr. **[6 AYE]**

b) Dyma ganlyniadau'r disgybl.

Sampl dŵr	Cyfaint y sebon gafodd ei ychwanegu cyn berwi / cm³	Cyfaint y sebon gafodd ei ychwanegu ar ôl berwi / cm³
1	13	6
2	8	8
3	15	1

i) Rhowch y samplau yn nhrefn eu caledwch, o'r mwyaf caled i'r mwyaf meddal. **[1]**

	Sampl
Mwyaf caled	
Mwyaf meddal	

Cemeg

ii) Nodwch y math o galedwch ym mhob sampl: [3]

Sampl 1: ....

Sampl 2: ....

Sampl 3: ....

c) Enwch y sylwedd solid sy'n ffurfio wrth wresogi dŵr caled dros dro. [1]

....

2 Mae ffermwr yn ceisio lleihau faint o ddŵr mae'n ei ddefnyddio i dyfu cnydau.

Mae'n penderfynu casglu dŵr o ddwy ffynhonnell naturiol: dŵr glaw a tharddell dan ddaear. Os nad yw'r ffynonellau hyn yn gallu darparu digon o ddŵr, bydd y ffermwr yn defnyddio dŵr tap ar gyfer gweddill y cnydau.

Mae cemegydd yn dadansoddi'r ffynonellau dŵr cyn i'r ffermwr eu defnyddio nhw i roi dŵr i'r cnydau. Mae'r cemegydd yn adnabod yr ïonau sy'n bresennol ym mhob sampl dŵr.

Sampl dŵr	Ïonau sy'n bresennol	Cyfansoddyn sy'n bresennol
Dŵr tarddell	Mg^{2+} ac SO_4^{2-}	
Dŵr glaw	H^+ a CO_3^{2-}	
Dŵr tap		$Ca(HCO_3)_2$

a) Cwblhewch y tabl. [3]

b) Mae unrhyw ddŵr glaw ychydig yn asidig oherwydd bod y dŵr yn adweithio â nwy. Mae un moleciwl o'r nwy hwn yn adweithio ag un moleciwl o ddŵr i ffurfio'r cyfansoddyn asidig sydd yn y tabl uchod.

Defnyddiwch eich tabl, wedi'i gwblhau, i enwi'r nwy hwn. [1]

....

c) Nodwch pa sampl dŵr yw'r un mwyaf meddal. Esboniwch sut rydych chi'n gwybod hyn. [2]

....

....

ch) Mae'r cyfansoddyn yn y dŵr tap yn adweithio wrth ferwi.

Ysgrifennwch yr hafaliad symbol cytbwys sy'n cynrychioli'r adwaith hwn, gan gynnwys symbolau cyflwr. [3]

....

d) Disgrifiwch sut gallai'r dŵr tap achosi problemau i'r ffermwr wrth ei ddefnyddio yn ei gartref. [2]

....

....

....

dd) Nodwch y math o galedwch sy'n bresennol yn y dŵr tarddell. [1]

....

[Cyfanswm = ... / 23 marc]

Gwaith Ymarferol Penodol 3: Ymchwilio i gyfradd adwaith gan ddefnyddio dull casglu nwy

Mae rheoli cyfradd adwaith yn arbennig o bwysig i gemegwyr diwydiannol sy'n ceisio gwneud eu cynnyrch mor gyflym ac effeithlon â phosibl. Ond hyd yn oed mewn bywyd pob dydd rydyn ni'n ceisio rheoli cyfradd adweithiau – oeri bwyd i arafu'r gyfradd mae'n dechrau dirywio, neu ddefnyddio cemegion i lanhau arwynebau cegin yn gyflym, er enghraifft. Un dull o fesur cyfradd adwaith yw mesur cyfaint y nwy sy'n cael ei gasglu dros amser.

Nod

Ymchwilio i'r ffactorau sy'n effeithio ar gyfradd adwaith gan ddefnyddio dull casglu nwy.

Cyfarpar ac adweithyddion

- Silindr mesur 25 cm^3
- Silindr mesur 50 cm^3
- Fflasg gonigol 100 cm^3 (neu gynhwysydd arall addas)
- Cafn dŵr
- Topyn â thiwb cludo wedi'i gysylltu
- Dysgl pwyso
- Stopwatsh

- Clorian màs (yn mesur i 2 le degol yn ddelfrydol)
- Dŵr ar gael
- Hydoddiant asid hydroclorig â chrynodiadau 0.1 mol/dm^3, 0.5 mol/dm^3, 1.0 mol/dm^3, 1.5 mol/dm^3, 2.0 mol/dm^3
- Sglodion marmor bach

Dull

1 Defnyddiwch y silindr mesur 25 cm^3 i fesur 20 cm^3 o hydoddiant asid hydroclorig, a'i arllwys i mewn i'r fflasg gonigol.
2 Defnyddiwch y glorian màs i fesur 1.00 g o sglodion marmor bach yn y ddysgl pwyso.
3 Llenwch y cafn dŵr â dŵr hyd at ddyfnder o tua 5 cm.
4 Llenwch y silindr mesur 50 cm^3 â dŵr.
5 Rhowch gledr eich llaw yn wastad ar ben y silindr mesur 50 cm^3. Trowch y silindr mesur wyneb i waered a rhowch y pen agored o dan arwyneb y dŵr yn y cafn. Dylai'r dŵr yn y silindr aros yn ei le.
6 Rhowch ddiwedd y tiwb cludo o dan waelod y silindr mesur 50 cm^3.
7 Gan weithio mor gyflym â phosibl, ychwanegwch y sglodion marmor at yr asid, rhowch y topyn yn y fflasg gonigol, a dechreuwch y stopwatsh.

Awgrym

Wrth i'r adwaith fynd yn ei flaen, dylech chi chwyrlïo cymysgedd yr adwaith yn gyson nes bod yr adwaith wedi gorffen. Fel arall, peidiwch â chwyrlïo'r cymysgedd o gwbl. Beth bynnag rydych chi'n dewis ei wneud, byddwch yn gyson.

8 Amserwch yr adwaith am 60 eiliad. Cofnodwch gyfaint y nwy sy'n cael ei ryddhau yn yr amser hwnnw. Os yw cyfaint y nwy yn cyrraedd 50 cm^3 mewn llai na 60 eiliad, cofnodwch yr amser mae'n ei gymryd i'r cyfaint gyrraedd 50 cm^3.
9 Ailadroddwch gamau 1–8 ar gyfer y crynodiadau asid hydroclorig eraill.

Mae rhagor o wybodaeth ar gael yng ngwerslyfr **CBAC TGAU Cemeg** ar y tudalennau hyn:
- 63–67: Mesur cyfradd adwaith
- 67–71: Ffactorau sy'n effeithio ar gyfradd adwaith cemegol

Hafaliad allweddol

$$\text{cyfradd (cm}^3\text{/s)} = \frac{\text{cyfaint y nwy (cm}^3)}{\text{amser mae'n ei gymryd (s)}}$$

Iechyd a diogelwch

Gwisgwch gyfarpar amddiffyn y llygaid. Mae hydoddiant asid hydroclorig yn llidus – ceisiwch beidio â gollwng yr asid ar eich croen. Golchwch eich croen os yw hyn yn digwydd.

Mae calsiwm carbonad (ar ffurf sglodion marmor) yn gemegyn perygl isel.

Cyfleoedd mathemateg

- Talgrynnu i le degol neu ffigur ystyrlon priodol
- Adio a thynnu
- Cyfrifo cyfradd
- Plotio a dehongli graff gan gynnwys darganfod y graddiant
- Mesur cyfaint ac amser

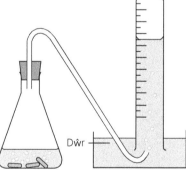

Dŵr

Awgrym

Dylai'r dŵr gyrraedd top y silindr mesur.

Cemeg

Arsylwadau

1 Cwblhewch y tabl hwn.

Cofiwch fod

$$\text{cyfradd (cm}^3\text{/s)} = \frac{\text{cyfaint y nwy (cm}^3)}{\text{amser mae'n ei gymryd (s)}}$$

Crynodiad yr asid hydroclorig / mol/dm³	Cyfaint y nwy ar ôl 60 s / cm³ NEU Amser mae'n ei gymryd i wneud 50 cm³ o nwy / s	Cyfradd yr adwaith / cm³/s
0.1		
0.5		
1.0		
1.5		
2.0		

Casgliadau

2 Disgrifiwch y duedd sydd i'w gweld yn eich canlyniadau.

....

....

....

....

3 Plotiwch graff sy'n dangos *Cyfradd yr adwaith* yn erbyn *Crynodiad yr asid hydroclorig* ar y grid hwn.

Gwerthuso

4   Mae'r berthynas ddamcaniaethol rhwng cyfradd adwaith a chrynodiad hydoddiant adweithydd mewn cyfrannedd union (dylai'r graff fod yn llinell syth yn dechrau yn $(0, 0)$).

Gwerthuswch eich arbrawf drwy ei gymharu â'r berthynas ddamcaniaethol.

Cwestiynau enghreifftiol

1 a) Cydbwyswch yr hafaliad ar gyfer yr adwaith rhwng metel magnesiwm ac asid nitrig. [1]

.... $Mg_{(s)}$ + ... $HNO_{3(d)}$ → .... $Mg(NO_3)_{2(d)}$ + ... $H_{2(n)}$

   b) Nodwch **ddau** ddull posibl o ddarganfod cyfradd yr adwaith hwn drwy gyfeirio at gyflyrau ffisegol y cynhyrchion. Esboniwch pam rydych chi wedi dewis y dulliau hyn. [3]

   ....
   ....
   ....
   ....
   ....
   ....

   c) Gan ddefnyddio eich dealltwriaeth o ddamcaniaeth gronynnau, esboniwch **ddwy** ffordd bosibl o gynyddu cyfradd yr adwaith hwn drwy newid ffactorau sy'n ymwneud â'r asid nitrig **yn unig**. [6 AYE]

   ....
   ....
   ....
   ....
   ....
   ....
   ....
   ....
   ....
   ....
   ....

2 Nwyon yw amonia a hydrogen clorid. Maen nhw'n adweithio â'i gilydd i ffurfio'r solid gwyn amoniwm clorid.

$NH_{3(n)}$ + $HCl_{(n)}$ → $NH_4Cl_{(s)}$

Mae rhywun yn cofnodi'r amser mae'n ei gymryd i ffurfio 10g o amoniwm clorid ar wasgeddau nwy gwahanol. Mae'r canlyniadau i'w gweld yn y tabl hwn.

Gwasgedd y nwy / Pa	Amser mae'n ei gymryd i ffurfio 10g o amoniwm clorid / s	Cyfradd yr adwaith / g/s
100000	44.4	
200000	22.1	
300000	14.8	
400000	11.0	
500000	8.9	
600000	7.4	

   a) Cwblhewch y tabl drwy gyfrifo cyfraddau'r adweithiau. [2]

b) Disgrifiwch y berthynas rhwng gwasgedd y nwy a chyfradd yr adwaith. [3]

....

....

....

3 a) Mae'r graff hwn yn dangos cyfaint y nwy sy'n cael ei gynhyrchu yn ystod yr adwaith rhwng asid hydroclorig a sinc i gynhyrchu sinc clorid a nwy hydrogen.

Mae dau grynodiad o asid yn cael eu defnyddio; mae'r ddau i'w gweld isod.

Gan ddefnyddio'r graff, nodwch ar ba amser mae'r adwaith yn dod i ben wrth ddefnyddio asid hydroclorig 1.0 mol/dm³. [2]

....

b) Cyfrifwch gyfradd yr adwaith ar ddechrau'r adwaith ar gyfer y ddau grynodiad. [4]

....

....

....

....

c) Esboniwch pam mae cyfradd yr adwaith yn arafu wrth i'r adwaith fynd yn ei flaen. [2]

....

....

....

ch) Pa un o'r adweithyddion hyn sy'n debygol o fod mewn gormodedd? Esboniwch eich ateb. [2]

....

....

....

[Cyfanswm = ... / 25 marc]

Cemeg

Gwaith Ymarferol Penodol 4: Ymchwilio i gyfradd adwaith gan ddefnyddio dull gwaddodi

Mae cemegwyr yn defnyddio llawer o dechnegau gwahanol i fesur cyfradd adweithiau yn dibynnu ar beth sy'n digwydd yn yr adwaith dan sylw. Mae'r dulliau hyn yn amrywio o ddulliau titradu sy'n mesur adweithiau niwtralu, i ddulliau 'cloc' ar gyfer adweithiau sy'n achosi newid lliw neu'n ffurfio **gwaddod**. Mae'r dull byddwch chi'n ei ddefnyddio ar gyfer y gwaith ymarferol hwn yn mesur yr amser mae'n ei gymryd i gymysgedd adwaith droi'n ddi-draidd *(opaque)* oherwydd bod gwaddod yn ffurfio.

Nod

Ymchwilio i'r ffactorau sy'n effeithio ar gyfradd yr adwaith rhwng asid hydroclorig gwanedig a sodiwm thiosylffad.

Cyfarpar ac adweithyddion

- Silindr mesur 5 cm^3
- Silindr mesur 10 cm^3
- Cynhwysydd gwydr
- Thermomedr
- Stand clamp
- Clamp
- Cnap
- Bicer 100 cm^3
- Stopwatsh

- Papur â chroes ddu arno
- Baddon dŵr â thymheredd wedi'i reoli
- Iâ
- Hydoddiant asid hydroclorig 1.0 mol/dm^3
- Hydoddiant sodiwm thiosylffad 0.2 mol/dm^3

Iechyd a diogelwch

Rhaid i chi wisgo cyfarpar amddiffyn y llygaid a cheisio peidio â gollwng yr asid ar eich croen. Golchwch eich croen os yw hyn yn digwydd. Mae hydoddiant asid hydroclorig yn llidus. Gallai'r hydoddiannau ddod i gysylltiad â'ch croen neu eich llygaid wrth i chi eu trosglwyddo nhw i'r cynhwysydd gwydr.

Mae'r adwaith hwn yn cynhyrchu symiau bach o sylffwr deuocsid. Gwnewch yn siŵr bod yr adwaith yn digwydd mewn man sydd wedi'i awyru'n dda. Os oes gennych chi anawsterau resbiradol (fel asthma), sicrhewch fod unrhyw driniaeth sydd ei hangen arnoch ar gael ar unwaith a'ch bod yn gallu gadael y labordy pe bai angen.

Dull

1 Defnyddiwch y silindr mesur 10 cm^3 i fesur 6 cm^3 o hydoddiant sodiwm thiosylffad 0.2 mol/dm^3. Arllwyswch yr hydoddiant i mewn i'r cynhwysydd gwydr.

2 Rhowch y thermomedr yn yr hydoddiant sodiwm thiosylffad, gan ddefnyddio'r clamp a'r stand i'w ddal yn llonydd.

3 Defnyddiwch y silindr mesur 5 cm^3 i fesur 2 cm^3 o asid hydroclorig 0.1 mol/dm^3.

4 Rhowch y cynhwysydd gwydr ar ben y groes ddu.

5 Cofnodwch dymheredd yr hydoddiant sodiwm thiosylffad.

6 Ychwanegwch yr asid at y cynhwysydd gwydr yn gyflym, chwyrlïwch y cymysgedd ac, ar yr un pryd, dechreuwch y stopwatsh.

7 Edrychwch ar y groes ddu drwy'r cymysgedd yn y cynhwysydd gwydr. Bydd gwaddod melyn yn ffurfio ac yn dechrau cuddio'r groes.

8 Stopiwch y stopwatsh ar unwaith pan na allwch chi weld y groes ddu bellach. Cofnodwch yr amser.

9 Ailadroddwch gamau 1–8 ddwywaith eto i gael cyfanswm o dri darlleniad ar gyfer y tymheredd hwn.

10 Ailadroddwch gamau 1–9 gan roi'r cynhwysydd gwydr o dan ddŵr mewn baddon dŵr wedi'i osod ar dymheredd o tua 45 °C.

11 Ailadroddwch gamau 1–9 gan roi'r cynhwysydd gwydr o dan ddŵr mewn bicer o ddŵr ac iâ.

Mae rhagor o wybodaeth ar gael yng ngwerslyfr **CBAC TGAU Cemeg** ar y tudalennau hyn:

- 63–67: Mesur cyfradd adwaith
- 67–71: Ffactorau sy'n effeithio ar gyfradd adwaith cemegol

Term allweddol

Gwaddod: solid anhydawdd sy'n ffurfio pan fydd dau hydoddiant dyfrllyd yn adweithio.

Hafaliad allweddol

$$\text{cyfradd} = \frac{1}{\text{amser adweithio}}$$

Cyfleoedd mathemateg

- Talgrynnu i le degol neu ffigur ystyrlon priodol
- Adio a thynnu
- Cyfrifo gwerthoedd cymedrig
- Cyfrifo cyfradd
- Plotio a dehongli graff gan gynnwys darganfod y graddiant
- Mesur cyfaint ac amser

Awgrym

Efallai bydd eich athro yn lluniadu croes ddu ar waelod y cynhwysydd gwydr ymlaen llaw.

Ychwanegu asid gwanedig a dechrau amseru

Sodiwm thiosylffad

Croes wedi'i lluniadu ar y papur

Awgrym

Gwnewch yn siŵr bod y sodiwm thiosylffad o dan lefel y dŵr yn y baddon dŵr neu'r baddon iâ cyn mesur yr asid. Bydd hyn yn rhoi cyfle i'r sodiwm thiosylffad gynhesu neu oeri.

Arsylwadau

1 Cwblhewch y tabl hwn.

Cofiwch fod:

$$\text{cyfradd} = \frac{1}{\text{amser adweithio}}$$

Tymheredd y sodiwm thiosylffad / °C	Amser mae'n ei gymryd i'r groes ddiflannu / s			Amser cymedrig / s	Cyfradd yr adwaith
	Arbrawf 1	Arbrawf 2	Arbrawf 3		

Casgliad

2 Disgrifiwch y duedd sydd i'w gweld yn eich canlyniadau.

....

....

....

....

....

....

....

....

....

....

....

....

....

....

....

3 Plotiwch graff sy'n dangos *Cyfradd yr adwaith* yn erbyn *Tymheredd y sodiwm thiosylffad* ar y grid hwn.

Gwerthuso

4 Yn fras, dylai cyfradd yr adwaith ddyblu bob tro mae cynnydd o 10 °C yn y tymheredd.

Gwerthuswch eich canlyniadau drwy eu cymharu nhw â'r duedd ddamcaniaethol hon.

Esboniwch pam gallai eich canlyniadau fod yn wahanol i'r duedd hon, ac awgrymwch unrhyw welliannau gallech chi eu gwneud i'r arbrawf.

....

....

....

....

....

....

....

....

Cwestiynau enghreifftiol

1 Gallwn ni ddefnyddio synhwyrydd golau i fonitro'r gwaddod sylffwr sy'n ffurfio o adwaith sodiwm thiosylffad. Mae golau'n cael ei ddisgleirio drwy gymysgedd yr adwaith ac mae arddwysedd y golau sy'n cyrraedd y synhwyrydd yn lleihau wrth i'r gwaddod sylffwr ffurfio.

Mae $5\,cm^3$ o asid hydroclorig $1.0\,mol/dm^3$ yn cael ei ychwanegu at $10\,cm^3$ o hydoddiant sodiwm thiosylffad $0.2\,mol/dm^3$ ar bedwar tymheredd gwahanol.

Mae pob ffactor arall yn cael ei gadw yr un peth. Mae'r graff hwn yn dangos y canlyniadau.

a) Nodwch lythyren (A, B, C neu Ch) y gromlin sy'n cynrychioli'r adwaith â'r tymheredd isaf, ac esboniwch eich dewis. [2]

....

....

....

b) Rydyn ni'n ystyried bod yr adwaith yn gyflawn pan fydd arddwysedd y golau yn 30%. Cyfrifwch gyfradd gymedrig yr adwaith ar gyfer arbrawf B. [2]

....

....

....

c) Gallwn ni gynyddu cyfradd yr adwaith hwn drwy gynyddu crynodiad un o'r hydoddiannau, neu drwy gynyddu tymheredd yr adwaith.

Gan ddefnyddio damcaniaeth gronynnau, esboniwch sut mae newid y ddau ffactor hyn yn arwain at gynyddu cyfradd yr adwaith. [6 AYE]

....

....

....

....

....

....

....

....

....

....

....

Cemeg

2 Mae adwaith 'cloc ïodin' yn cynnwys dwy broses sy'n digwydd ar yr un pryd. Yn y broses gyntaf, mae ïonau ïodid yn adweithio'n araf â hydrogen perocsid ac ïonau hydrogen (o asid sylffwrig) i ffurfio ïodin:

$$H_2O_{2(d)} + 2I^-_{(d)} + 2H^+_{(d)} \rightarrow I_{2(d)} + H_2O_{(h)}$$

Yn yr ail broses, mae'r ïodin gafodd ei gynhyrchu yn adweithio ag ïonau thiosylffad ar unwaith, gan eu troi nhw yn ôl yn ïonau ïodid:

$$2S_2O_3^{2-}{}_{(d)} + I_{2(d)} \rightarrow S_4O_6^{2-}{}_{(d)} + 2I^-_{(d)}$$

Unwaith mae'r sodiwm thiosylffad wedi cael ei ddefnyddio i gyd, bydd unrhyw ïodin sy'n weddill yn ffurfio lliw du-las gyda'r startsh sy'n bresennol yn yr hydoddiant.

a) Rhagfynegwch beth fydd yn digwydd i gyfradd yr adwaith cloc ïodin:

   i) os bydd crynodiad yr hydrogen perocsid yn cael ei gynyddu   [1]

   ....

   ii) os bydd crynodiad y sodiwm thiosylffad yn cael ei gynyddu   [1]

   ....

   iii) os bydd cyfanswm cyfaint cymysgedd yr adwaith yn cael ei ddyblu drwy ychwanegu dŵr distyll.   [1]

   ....

b) Mae'r ïonau ïodid yn cael eu darparu drwy ddefnyddio hydoddiant potasiwm ïodid. Gallwn ni newid crynodiad y potasiwm ïodid i ymchwilio i'r effaith ar gyfradd yr adwaith. Cwblhewch y tabl canlyniadau hwn.   [5]

Crynodiad y potasiwm ïodid / mol/dm³	Amser mae'n ei gymryd i'r lliw newid / s	Cyfradd yr adwaith
0.1	200	
0.2	100	
0.3	67	
0.4	50	
0.5	40	

c) Disgrifiwch y berthynas rhwng crynodiad y potasiwm ïodid a chyfradd yr adwaith cloc ïodin.   [2]

....

....

....

ch) Yn seiliedig ar y canlyniadau hyn, rhagfynegwch yr amser mae'n ei gymryd i'r lliw newid a chyfradd yr adwaith os yw crynodiad yr hydoddiant potasiwm ïodid yn 1.0 mol/dm³. Rhowch unedau priodol ar gyfer y ddau werth.   [4]

   Amser: ....Uned: ....

   Cyfradd: ....Uned: ....

[Cyfanswm = ... / 24 marc]

Gwaith Ymarferol Penodol 5: Ymchwilio i sefydlogrwydd thermol carbonadau metel

Mae carbonadau metel yn chwarae rhan bwysig mewn sawl ffordd yn ein bywyd pob dydd. Mae carbonadau cyffredin yn amrywio o sodiwm carbonad (soda pobi) sy'n cael ei ddefnyddio wrth bobi, i galsiwm carbonad (calchfaen) sy'n ddefnydd crai pwysig wrth wneud sment. Pan mae carbonadau metel yn cael eu gwresogi'n gryf, mae'r rhan fwyaf yn profi **dadelfeniad thermol**; maen nhw'n ymddatod (torri i lawr) i ffurfio ocsid metel a charbon deuocsid (er enghraifft, alwminiwm carbonad → alwminiwm ocsid + carbon deuocsid). Mae'r egni thermol sydd ei angen i ddadelfennu yn dibynnu ar adweithedd y metel sydd wedi bondio â'r grŵp carbonad. Ar gyfer y gwaith ymarferol hwn, byddwch chi'n gwresogi tri charbonad metel i ddarganfod eu sefydlogrwydd cymharol.

Nod

Ymchwilio i sefydlogrwydd thermol calsiwm carbonad, copr(II) carbonad a sodiwm carbonad.

Cyfarpar ac adweithyddion

- 3 × tiwb berwi
- 3 × dysgl pwyso
- Bicer 100 cm^3 (plastig yn ddelfrydol)
- Daliwr tiwbiau profi
- Rhesel tiwbiau profi (metel yn ddelfrydol oherwydd y gwydr poeth)

- Stopwatsh
- Llosgydd Bunsen a mat gwrth-wres
- Sbatwla
- Marciwr (dewisol)
- Clorian màs (yn mesur i 2 le degol)
- Copr(II) carbonad
- Sodiwm carbonad
- Calsiwm carbonad

Dull

1. Ysgrifennwch Na_2CO_3 ar ben tiwb berwi gwag. Bydd hyn yn eich helpu chi i gofio pa sampl sydd ym mhob tiwb yn ystod yr arbrawf.
2. Pwyswch y tiwb a chofnodwch y màs yn y tabl yn yr adran **arsylwadau**.
3. Defnyddiwch y ddysgl pwyso i fesur tua 2 g o sodiwm carbonad.
4. Rhowch y carbonad yn y tiwb berwi, pwyswch y tiwb berwi a'r carbonad gyda'i gilydd a chofnodwch y màs yn eich tabl.
5. Gwresogwch y carbonad mewn fflam llosgydd Bunsen las ffyrnig am 5 munud.
6. Gadewch i'r tiwb berwi oeri yn y rhesel tiwbiau profi.
7. Ailadroddwch gamau 1–6 gan ddefnyddio copr(II) carbonad (wedi'i labelu'n $CuCO_3$) a chalsiwm carbonad (wedi'i labelu'n $CaCO_3$).
8. Ar ôl i'r tiwbiau berwi oeri, pwyswch y tiwb berwi a'r cynnwys, a chofnodwch y màs yn eich tabl.

Mae rhagor o wybodaeth ar gael yng ngwerslyfr **CBAC TGAU Cemeg** ar y tudalennau hyn:

- 75–76: Sefydlogrwydd carbonadau metel
- 75–81: Calchfaen

Term allweddol

Dadelfeniad thermol: cyfansoddyn yn ymddatod (torri i lawr) i ffurfio dau neu fwy o gyfansoddion syml gan ddefnyddio egni gwres.

Cyfleoedd mathemateg

- Talgrynnu i le degol neu ffigur ystyrlon priodol
- Adio a thynnu
- Mesur màs ac amser
- **(HU)** Defnyddio màs i gyfrifo nifer y molau

Awgrym

I gofnodi màs y tiwb a'r carbonad gyda'i gilydd heb ei ollwng, rhowch y bicer 100 cm^3 ar y glorian màs, gosodwch y glorian ar sero, ac yna rhowch y tiwb i sefyll yn y bicer.

Arsylwadau

1 Cwblhewch y tabl hwn.

	Sodiwm carbonad	Copr(II) carbonad	Calsiwm carbonad
Màs y tiwb berwi / g			
Màs y tiwb berwi + carbonad / g			
Màs y carbonad / g			
Màs y tiwb berwi + cynnwys ar ôl gwresogi / g			
Màs y cynnwys ar ôl gwresogi / g			
Màs y carbon deuocsid sy'n cael ei ryddhau / g			

Casgliad

2 a) Rhowch y carbonadau metel yn nhrefn eu sefydlogrwydd, o'r mwyaf sefydlog i'r lleiaf sefydlog.

....

....

b) Esboniwch sut mae canlyniadau eich arbrawf yn cefnogi'r casgliad hwn.

....

....

3 a) Rhowch y metelau sodiwm, copr a chalsiwm yn nhrefn eu hadweithedd, o'r mwyaf adweithiol i'r lleiaf adweithiol.

....

....

> **Awgrym**
>
> I gael gwybodaeth benodol am adweithedd metelau, gweler tudalen 120 yn y gwerslyfr **CBAC TGAU Cemeg**.

b) Esboniwch y berthynas rhwng adweithedd y metelau a sefydlogrwydd y carbonadau metel.

....

....

(HU) 4 Gan ddefnyddio cyfrifiadau môl, cyfrifwch ganran cynnyrch dadelfeniad thermol calsiwm carbonad.

....

....

....

....

....

> **Awgrym**
>
> I gael mwy o wybodaeth am gyfrifo màs adweithyddion a chyfrifo canran cynnyrch, gweler tudalennau 15–16 yn y gwerslyfr **CBAC TGAU Cemeg**.

Gwerthuso

5 Cymharwch eich canlyniadau â chanlyniadau grwpiau eraill yn eich dosbarth, a gwerthuswch pa mor effeithiol yw'r arbrawf hwn o ran atgynyrchioldeb. Dylech chi gynnwys unrhyw welliannau gallech chi eu gwneud i'r arbrawf.

....

....

....

....

Cwestiynau enghreifftiol

1 Mae'n bosibl defnyddio calchfaen i gynhyrchu nifer o gyfansoddion calsiwm defnyddiol gan ddefnyddio'r dilyniant adwaith isod:

calchfaen → calch brwd → calch tawdd

a) Disgrifiwch sut mae'r adweithiau hyn yn cael eu cynnal yn y labordy. Dylai eich ateb gynnwys amodau, arsylwadau a hafaliadau priodol ar gyfer pob cam. [6 AYE]

b) Mae'n bosibl gwresogi calchfaen yn gryf gyda chlai i greu math o bowdr sment sylfaenol.
Enwch y prif gyfansoddyn calsiwm sy'n bresennol mewn powdr sment. [1]

c) Mae'n bosibl creu morter o'r powdr sment sylfaenol hwn drwy gymysgu'r powdr sment â thywod a dŵr.
Enwch y prif gyfansoddyn calsiwm yn y morter hwn. [1]

ch) Wrth i'r morter galedu, mae'r cyfansoddyn calsiwm yn y morter yn adweithio â charbon deuocsid yn yr aer i ffurfio cyfansoddyn calsiwm newydd.
Ysgrifennwch yr hafaliad symbol ar gyfer yr adwaith hwn. [2]

2 Mae'n bosibl gwresogi copr(II) carbonad yn gryf i ffurfio copr(II) ocsid a charbon deuocsid gan ddefnyddio'r cyfarpar sydd i'w weld yn y diagram.

a) Disgrifiwch y newid lliw byddwch chi'n ei weld wrth i'r copr carbonad gael ei wresogi. [1]

b) Enwch y math o adwaith sy'n digwydd yn yr arbrawf hwn. [1]

Stand clamp

Carbonad metel

Tiwb berwi

Clamp

Llosgydd Bunsen

Tiwb cludo

Tiwb berwi

Dŵr calch

Cemeg

c) Ysgrifennwch yr hafaliad symbol cytbwys ar gyfer yr adwaith hwn. [2]

....

ch) Mae disgybl yn penderfynu cynnal yr arbrawf hwn.
    Cwblhewch y tabl isod i ddangos canlyniadau'r disgybl. [3]

	Copr(II) carbonad
Màs y tiwb berwi / g	44.55
Màs y tiwb berwi + carbonad / g	56.90
Màs y carbonad / g	
Màs y tiwb berwi + cynnwys ar ôl gwresogi / g	52.94
Màs y cynnwys ar ôl gwresogi / g	
Màs y carbon deuocsid sy'n cael ei ryddhau / g	

d) Erbyn y diwedd, dylai'r adwaith hwn fod wedi rhyddhau 4.40 g o garbon deuocsid.
    Defnyddiwch y màs rydych chi wedi'i gyfrifo yn rhan ch) i gyfrifo canran y cynnyrch. [2]

....

....

....

(HU) dd) Mae'r carbon deuocsid sy'n cael ei ryddhau yn yr adwaith hwn yn adweithio â'r dŵr calch yn ôl yr hafaliad canlynol:

$Ca(OH)_2 + CO_2 \rightarrow CaCO_3 + H_2O$

Yna mae'r disgybl yn hidlo, golchi a sychu'r calsiwm carbonad o'r dŵr calch.

Mae'n casglu 7.20 g o galsiwm carbonad.

Gan ddefnyddio cyfrifiadau môl, cyfrifwch ganran cynnyrch y calsiwm carbonad sy'n ffurfio o'r carbon deuocsid sy'n cael ei ryddhau yn yr arbrawf hwn. [4]

....

....

....

....

....

....

[Cyfanswm = ... / 23 marc]

Gwaith Ymarferol Penodol 6: Paratoi sampl o halwyn hydawdd

Ar ddiwedd adwaith cemegol, dydy'r cynnyrch sy'n cael ei greu ddim yn bur fel arfer. Weithiau, mae'r adwaith yn creu cynhyrchion diangen neu dydy'r adweithyddion ddim yn adweithio'n llwyr. O ganlyniad, bydd gennym ni gymysgedd o'r cynnyrch rydyn ni ei eisiau, yn ogystal â chemegion diangen (sef amhureddau). Mae'n bwysig dysgu am amrywiaeth o dechnegau gwahanu er mwyn gallu cael samplau pur o'r cynhyrchion rydyn ni eu heisiau.

Nod

Paratoi grisialau o halwyn hydawdd gan ddefnyddio bas neu garbonad anhydawdd.

Cyfarpar ac adweithyddion

- Silindr mesur 25 cm^3
- 2 × fflasg gonigol 100 cm^3
- Dysgl pwyso
- Sbatwla
- 2 × twndis hidlo gyda phapur hidlo
- Llosgydd Bunsen, trybedd, rhwyllen a mat gwrth-wres
- Dysgl anweddu
- Gwydryn oriawr
- Clorian màs (yn mesur i 2 le degol yn ddelfrydol)
- Hydoddiant asid sylffwrig 1.0 mol/dm^3
- Powdr copr(II) ocsid
- Dŵr ar gael

Dull

1 Defnyddiwch silindr mesur i fesur 25 cm^3 o hydoddiant asid sylffwrig, a'i arllwys i mewn i fflasg gonigol.

2 Defnyddiwch glorian màs i bwyso tua 2.00 g o bowdr copr ocsid yn ofalus mewn dysgl pwyso. Mae gormodedd bach o bowdr yma er mwyn sicrhau bod yr asid i gyd yn adweithio.

3 Rhowch y powdr copr(II) ocsid yn ofalus i mewn i'r fflasg gonigol sy'n cynnwys yr asid sylffwrig. Chwyrlïwch y fflasg i gymysgu'r adweithyddion.

4 Gwresogwch gymysgedd yr adwaith yn araf gan ddefnyddio'r llosgydd Bunsen. Peidiwch â gadael iddo ferwi.

5 Parhewch i wresogi'r cymysgedd am 5 munud. Os oes unrhyw gopr(II) ocsid du ar ôl, stopiwch wresogi'r cymysgedd a gadewch iddo oeri. Os yw'r copr(II) ocsid du wedi diflannu'n llwyr, defnyddiwch sbatwla i ychwanegu mwy yn ofalus, a gwresogwch y cymysgedd am 2 funud arall.

6 Rhowch y twndis hidlo gyda phapur hidlo uwchben yr ail fflasg gonigol i hidlo'r cymysgedd; mae hyn yn cael gwared ar y copr(II) ocsid sydd heb adweithio.

7 Arllwyswch yr hydoddiant o'r fflasg gonigol i mewn i ddysgl anweddu.

8 Gadewch i'r hydoddiant anweddu am sawl diwrnod, nes bod grisialau sych yn ffurfio.

Nodyn

Ffordd arall o anweddu'r dŵr o'r hydoddiant yw defnyddio llosgydd Bunsen i wresogi'r hydoddiant nes ei fod yn dechrau berwi. Pan fydd yn berwi, parhewch i wresogi'r hydoddiant yn araf nes bod grisialau'n dechrau ffurfio o amgylch ymyl yr hydoddiant. Yna tynnwch yr hydoddiant allan o'r gwres a'i adael i anweddu i ffurfio grisialau. Bydd y dull hwn yn caniatáu i chi gael grisialau mewn llai o amser, ond mae risg o losgiadau felly byddwch yn ofalus iawn.

9 Defnyddiwch y glorian màs i fesur a chofnodi màs y gwydryn oriawr.

10 Crafwch y grisialau ar y gwydryn oriawr a chofnodwch fàs y grisialau a'r gwydryn oriawr gyda'i gilydd.

Mae rhagor o wybodaeth ar gael yng ngwerslyfr **CBAC TGAU Cemeg** ar y tudalennau hyn:
- 104–105: Beth mae atmosffer y blaned Gwener yn ei wneud i'r creigiau?
- 107–108: Asidau a charbonadau
- 110–111: Grisialau Gwener?

Iechyd a diogelwch

Mae hydoddiant asid sylffwrig yn llidus – rhaid i chi wisgo cyfarpar amddiffyn y llygaid a cheisio peidio â gollwng asid (poeth neu oer) ar eich croen. Defnyddiwch ddŵr i olchi eich croen yn dda os yw hyn yn digwydd.

Mae powdr copr(II) ocsid yn llidus ac yn niweidiol os yw'n cael ei fewnanadlu.

Mae dŵr sydd newydd gael ei ferwi yn gallu llosgi'r croen. Os cewch chi eich llosgi, rhowch eich croen o dan ddŵr oer sy'n rhedeg am o leiaf 5 munud.

Sicrhewch nad yw'r hydoddiant copr sylffad yn berwi'n sych yn ystod y cyfnod grisialu. Mae dadelfeniad thermol copr sylffad yn cynhyrchu sylffwr deuocsid a thriocsid gwenwynig, sy'n gallu achosi anawsterau anadlu.

Cyfleoedd mathemateg $\sqrt{2^3+1}$

- Adio a thynnu
- Cyfrifo canrannau

- Twndis hidlo
- Papur hidlo
- Gwaddod (copr(II) ocsid heb adweithio)
- Fflasg gonigol
- Hidlif

Awgrym

Er mwyn gwresogi cymysgedd yr adwaith yn araf, sicrhewch fod twll aer y llosgydd Bunsen ychydig bach ar agor.

Awgrym

Diffoddwch y llosgydd Bunsen cyn ychwanegu mwy o gopr(II) ocsid.

Arsylwadau

1 Disgrifiwch beth rydych chi'n ei arsylwi yn ystod yr adwaith rhwng copr(II) ocsid ac asid sylffwrig.

....

....

....

....

2 Esboniwch eich arsylwadau. Dylech chi gynnwys hafaliadau cemegol i gefnogi eich esboniad os yw hynny'n briodol.

....

....

....

....

....

....

....

3 Cwblhewch y tabl canlynol.

Màs y gwydryn oriawr / g	
Màs y gwydryn oriawr a'r grisialau copr(II) sylffad / g	
Màs y grisialau copr(II) sylffad / g	

Casgliadau

4 Màs damcaniaethol mwyaf y copr sylffad yn yr arbrawf hwn yw 3.99 g.

Cyfrifwch ganran cynnyrch eich arbrawf.

....

....

Canran cynnyrch = ... %

Gwerthuso

5 Defnyddiwch y canran cynnyrch rydych chi wedi'i gyfrifo i werthuso eich arbrawf. Dylech chi gynnwys newidiadau posibl i'r dull fyddai'n gallu cynyddu'r cynnyrch.

....

....

....

....

....

....

Cwestiynau enghreifftiol

1 Mae asid sylffwrig yn asid cryf.

   a) Awgrymwch werth pH ar gyfer asid sylffwrig. [1]

   ....

(HU) b) Rhowch yr hafaliad ïonig ar gyfer niwtralu asid gan ddefnyddio alcali. [3]

   ....

2 a) Un o gynhyrchion yr adwaith niwtraliad rhwng copr(II) ocsid ac asid sylffwrig yw copr(II) sylffad.

      Ysgrifennwch hafaliad geiriau ar gyfer yr adwaith hwn. [1]

   ....

   b) Rhowch y pH byddech chi'n ei ddisgwyl ar gyfer yr hydoddiant copr sylffad, gan dybio bod yr asid sylffwrig i gyd yn adweithio â'r copr(II) ocsid. [1]

   ....

   c) Ysgrifennwch hafaliad symbol cytbwys ar gyfer yr adwaith hwn. [3]

   ....

   ch) Awgrymwch adweithydd arall gallech chi ei ddefnyddio yn lle copr(II) ocsid a fyddai'n ffurfio copr(II) sylffad wrth ei adweithio ag asid sylffwrig. [1]

   ....

   d) Mae copr(II) sylffad yn ffurfio yn dilyn adwaith rhwng solid gwyrdd anhysbys ac asid sylffwrig. Mae'r adwaith yn ffurfio nwy sy'n troi dŵr calch yn llaethog.

      Ysgrifennwch hafaliad geiriau ar gyfer yr adwaith rhwng asid sylffwrig a'r solid gwyrdd anhysbys. [2]

   ....

3 a) Mae'n bosibl cynhyrchu hydoddiant arian nitrad drwy adweithio arian ocsid ag asid nitrig.

      Ysgrifennwch hafaliad geiriau ar gyfer yr adwaith hwn. [1]

   ....

   b) Cwblhewch yr hafaliad symbol cytbwys ar gyfer yr adwaith hwn. [1]

   .... Ag_2O +......... HNO_3 → .... $AgNO_3$ +......... H_2O

   c) Esboniwch pam mae angen gormodedd o arian ocsid yn ystod yr adwaith hwn ac **nid** gormodedd o asid nitrig. [3]

   ....

   ....

   ....

   ....

   ....

Cemeg

ch) Mae arian nitrad yn ffurfio hydoddiant di-liw mewn dŵr.

Pam mae hyn yn ei gwneud hi'n fwy anodd gwybod a yw'r adwaith yn digwydd o gymharu â'r adwaith rhwng copr ocsid ac asid sylffwrig? [1]

....

....

d) Gallwn ni ddefnyddio papur pH i wybod pryd mae'r adwaith wedi gorffen.

Nodwch y lliw byddech chi'n disgwyl ei weld ar y papur pH pan mae'r adwaith wedi gorffen, ac esboniwch pam. [2]

....

....

....

....

4 Mae halen craig yn gymysgedd o sodiwm clorid, sy'n hydawdd mewn dŵr, a nifer o solidau anhydawdd fel tywod a chlai.

Disgrifiwch ac esboniwch y dull byddech chi'n ei ddefnyddio i gael sampl o halen pur o halen craig. [6 AYE]

....

....

....

....

....

....

....

....

....

....

....

....

....

....

[Cyfanswm = ... / 26 marc]

Gwaith Ymarferol Penodol 7: Titradu asid cryf yn erbyn bas cryf

Mae titradu yn caniatáu i ni fesur cyfeintiau o hydoddiant yn fanwl gywir. Mae'n ddefnyddiol iawn wrth ymchwilio i adweithiau **asidau** ac **alcalïau** – gallwn ni ddefnyddio dull titradu, ynghyd â **dangosydd**, i ddarganfod yr union gyfaint o asid sydd ei angen i niwtralu alcali yn llawn (neu i'r gwrthwyneb). Os ydyn ni'n gwybod crynodiad un o'r hydoddiannau hyn, gallwn ni ddefnyddio'r wybodaeth hon i gyfrifo crynodiad yr hydoddiant anhysbys.

Nod

Titradu asid cryf yn erbyn bas cryf gan ddefnyddio dangosydd.

Cyfarpar ac adweithyddion

- Pibed cyfeintiol $25\,cm^3$ a llanwydd
- Fflasg gonigol $250\,cm^3$
- $3 \times$ bicer $100\,cm^3$
- Bwred $50\,cm^3$
- Clamp a stand
- Teilsen wen (dewisol)

- Hydoddiant asid sylffwrig $0.05\,mol/dm^3$
- Hydoddiant sodiwm hydrocsid â chrynodiad anhysbys
- Dangosydd ffenolffthalein
- Dŵr ar gael

Iechyd a diogelwch ⚠️

Gwisgwch gyfarpar amddiffyn y llygaid. Mae hydoddiant asid sylffwrig yn gemegyn perygl isel. Mae hydoddiant sodiwm hydrocsid a hydoddiant ffenolffthalein yn llidus. Os bydd un o'r hydoddiannau hyn yn dod i gysylltiad â'ch llygaid, golchwch eich llygaid â dŵr sy'n rhedeg am 5 munud.

Ceisiwch beidio â gollwng yr hydoddiannau hyn ar eich croen. Golchwch eich croen os yw hyn yn digwydd.

Dull

1. Defnyddiwch bibed cyfeintiol i fesur $25\,cm^3$ o hydoddiant asid sylffwrig, a'i arllwys i mewn i fflasg gonigol.
2. Ychwanegwch 5 diferyn o ddangosydd ffenolffthalein. Dylai'r hydoddiant ymddangos yn ddi-liw.
3. Rhowch hydoddiant sodiwm hydrocsid yn y fwred. Cofnodwch y cyfaint cychwynnol, i'r $0.1\,cm^3$ agosaf, yn yr adran **arsylwadau**.

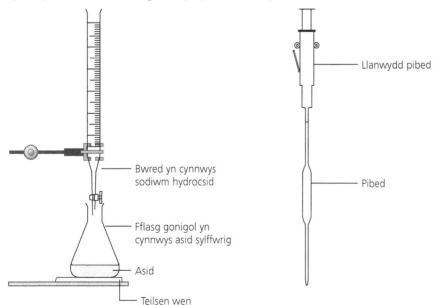

- Bwred yn cynnwys sodiwm hydrocsid
- Fflasg gonigol yn cynnwys asid sylffwrig
- Asid
- Teilsen wen
- Llanwydd pibed
- Pibed

4. Defnyddiwch y fwred i ychwanegu tua $18\,cm^3$ o hydoddiant sodiwm hydrocsid at y cymysgedd yn y fflasg gonigol. Chwyrlïwch y cymysgedd drwy'r amser wrth i chi ychwanegu'r hydoddiant sodiwm hydrocsid.

Mae rhagor o wybodaeth ar gael yng ngwerslyfr **CBAC TGAU Cemeg** ar y tudalennau hyn:

- 104–105: Beth mae atmosffer y blaned Gwener yn ei wneud i'r creigiau?
- 106–107: Titradiadau a chrynodiadau

Termau allweddol

Asid: hydoddiant â pH llai na 7; mae'n cynhyrchu ïonau H^+ mewn dŵr.

Alcali: hydoddiant â pH mwy na 7; mae'n cynhyrchu ïonau OH^- mewn dŵr.

Dangosydd: llifyn cemegol sy'n cael ei ychwanegu at hydoddiant ac sy'n newid lliw yn dibynnu ar y pH.

Nodyn

Gallwch chi ddefnyddio silindr mesur yn lle'r bibed cyfeintiol a'r llanwydd. Fodd bynnag, dydy'r dechneg hon ddim mor fanwl gywir.

Cyfleoedd mathemateg $\sqrt{2^3+1}$

- Adio a thynnu
- Mesur cyfaint
- Cyfrifo meintiau molar
- Cymarebau
- Lleoedd degol a ffigurau ystyrlon
- Ffracsiynau a chanrannau

Awgrym

Bydd eich athro yn gallu rhoi cyfarwyddiadau manwl i chi er mwyn defnyddio cyfarpar arbenigol fel bwredau a phibedau cyfeintiol.

Awgrym

Nid ffenolffthalein yw'r unig ddangosydd gallwch chi ei ddefnyddio. Bydd eich athro yn rhoi gwybod i chi am y newidiadau lliw os byddwch chi'n defnyddio dangosydd gwahanol.

Awgrym

Mae'n haws gweld lliw yr hydoddiant yn newid os ydych chi'n rhoi teilsen wen o dan y fflasg gonigol.

5 Ar ôl ychwanegu 18 cm³, ychwanegwch fwy o hydoddiant sodiwm hydrocsid at y fflasg gonigol, un diferyn ar y tro. Stopiwch ychwanegu'r hydoddiant sodiwm hydrocsid pan mae'r hydoddiant yn y fflasg gonigol yn troi'n lliw pinc golau yn barhaol. Cofnodwch y cyfaint terfynol i'r 0.1 cm³ agosaf.

Term allweddol

Titr: cyfanswm cyfaint yr hydoddiant yn y fwred y mae angen ei ychwanegu i gynhyrchu hydoddiant niwtral.

Awgrym

Mae lliw pinc golau yr hydoddiant yn dangos ei fod yn niwtral. Os yw'r hydoddiant yn troi'n borffor tywyll, rydych chi wedi ychwanegu gormod o alcali.

Nodyn

Bydd angen i chi ail-lenwi'r fwred rywbryd, ond does dim rhaid i'ch cyfaint cychwynnol fod yn 0.0 cm³. Bydd angen i chi ail-lenwi'r fwred os yw'r darlleniad cyfaint yn llai na 30.0 cm³ cyn dechrau'r titradiad nesaf.

6 Cyfrifwch gyfanswm cyfaint y sodiwm hydrocsid rydych chi wedi'i ychwanegu. Yr enw ar hwn yw'r **titr**.

7 Golchwch y fflasg gonigol i gael gwared ar gymysgedd yr adwaith. Ailadroddwch gamau 1–6 nes eich bod chi'n cael 3 titr sydd o fewn 0.2 cm³ i'w gilydd.

Arsylwadau

1 Defnyddiwch y tabl canlynol i gofnodi eich canlyniadau.

Mae'r cyfaint terfynol wedi'i restru ar ben y tabl sy'n golygu bod cyfrifo'r titr yn haws. Gofalwch nad ydych chi'n rhoi'r cyfeintiau yn y drefn anghywir.

Titradiad	1	2	3	4	5
Cyfaint terfynol / cm³					
Cyfaint cychwynnol / cm³					
Titr / cm³					

Awgrym

Mae lle i 5 canlyniad, ond dim ond 3 sydd eu hangen os yw pob titr o fewn 0.2 cm³ i'w gilydd. Os yw'r 3 chanlyniad cyntaf yn bodloni'r gofyniad hwn, does dim angen gwneud yr arbrawf eto.

Casgliadau

2 Pan mae titr dau ditradiad gwahanol o fewn 0.2 cm³ i'w gilydd, rydyn ni'n ystyried eu bod nhw'n ailadroddadwy. Cyfrifwch y titr cymedrig ar gyfer yr arbrawf hwn gan ddefnyddio eich tri chanlyniad **ailadroddadwy**.

....

....

....

Term allweddol

Ailadroddadwy: pan fydd dau ditr neu fwy yn agos at ei gilydd, fel arfer o fewn 0.2 cm³.

Awgrym

I gyfrifo crynodiad sodiwm hydrocsid, mae angen i chi wneud y canlynol:

- Cyfrifo nifer y molau o asid gan ddefnyddio eich titr cymedrig a chrynodiad yr asid.
- Cyfrifo nifer y molau o sodiwm hydrocsid gan ddefnyddio nifer y molau o asid rydych chi wedi'i gyfrifo yng ngham 1, a'r cymarebau molar sydd yn yr hafaliadau cytbwys.
- Cyfrifo'r crynodiad gan ddefnyddio nifer y molau o sodiwm hydrocsid rydych chi wedi'i gyfrifo yng ngham 2, a chyfaint y sodiwm hydrocsid gafodd ei ddefnyddio yn y titradiad.

3 Crynodiad yr asid sylffwrig yw 0.1 mol/dm³.

Defnyddiwch yr hafaliad symbol cytbwys isod i gyfrifo crynodiad y sodiwm hydrocsid mewn mol/dm³.

Rhowch eich ateb i dri ffigur ystyrlon.

$$H_2SO_4 + 2NaOH \rightarrow Na_2SO_4 + 2H_2O$$

....

....

....

....

....

....

(HU) 4 Cyfrifwch grynodiad y sodiwm hydrocsid mewn g/dm^3.

$$H_2SO_4 + 2NaOH \rightarrow Na_2SO_4 + 2H_2O$$

....

....

....

....

....

....

Awgrym
Bydd angen i chi ddefnyddio'r hafaliad sy'n rhoi'r berthynas rhwng màs, M_r a molau i wneud y cyfrifiad hwn. Gweler tudalennau 14–15 yng ngwerslyfr **CBAC TGAU Cemeg** am fwy o fanylion.

Gwerthuso

5 Bydd eich athro yn dweud wrthych chi pa gyfaint adweithio dylech chi fod wedi'i gael o'ch titradiad.

a) Cymharwch y cyfaint hwn â'r cyfaint adweithio rydych chi wedi'i gael. Defnyddiwch y gwaith cymharu i werthuso'r arbrawf, ac awgrymwch welliannau.

Nodyn
Mae'r cyfarpar sy'n cael ei ddefnyddio yn ystod titradiad yn fanwl iawn; heblaw bod rhywbeth o'i le arno, nid y cyfarpar fydd yn gyfrifol am unrhyw broblemau â'r arbrawf.

....

....

....

....

....

....

(HU) b) Cyfrifwch y crynodiadau mewn mol/dm^3 a g/dm^3 a chymharwch y gwerthoedd hyn â gwerthoedd eich arbrawf chi i gefnogi eich gwerthusiad.

....

....

....

....

....

....

....

....

Cwestiynau enghreifftiol

1   Mae disgybl yn bwriadu defnyddio titradiad i ddarganfod faint o hydoddiant sodiwm hydrogencarbonad $0.1\,mol/dm^3$ fyddai'n adweithio â'r asid ethanöig sydd mewn $25\,cm^3$ o finegr gwyn.

Hafaliad yr adwaith hwn yw:

$$CH_3COOH + NaHCO_3 \rightarrow CH_3COONa + H_2O + CO_2$$

a) Disgrifiwch sut dylai'r titradiad gael ei gynnal.   [6 AYE]

....

....

....

....

....

....

....

....

....

....

....

....

b) Pa gyfaint o hydoddiant sodiwm hydrogencarbonad fyddai ei angen pe bai gan yr asid a'r alcali yr un crynodiad yn y titradiad hwn?   [1]

....

....

c) Cyfaint gwirioneddol y sodiwm hydrogencarbonad sydd ei angen yw $50\,cm^3$.

Esboniwch beth mae hyn yn ei ddweud wrthych chi am grynodiadau cymharol yr hydoddiannau.   [2]

....

....

....

....

2   Mae disgybl yn paratoi hydoddiant sodiwm hydrocsid drwy hydoddi $2.0\,g$ o sodiwm hydrocsid solid mewn $250\,cm^3$ o ddŵr.

a) Cyfrifwch grynodiad yr hydoddiant hwn mewn g/dm^3.   [1]

....

(HU) b) Mae asid sylffwrig yn adweithio â sodiwm hydrocsid yn unol â'r hafaliad canlynol:

$$H_2SO_4 + 2NaOH \rightarrow Na_2SO_4 + 2H_2O$$

Mae $25\,cm^3$ o'r hydoddiant sodiwm hydrocsid (yng nghwestiwn 2a) yn cael ei ditradu yn erbyn asid sylffwrig â chrynodiad anhysbys. Mae'r canlyniadau i'w gweld yn y tabl.

Titradiad	1	2	3	4
Titr / cm^3	22.4	19.9	20.1	20.0

Cemeg

Defnyddiwch ganlyniadau'r titradiad i gyfrifo crynodiad yr asid sylffwrig mewn g/dm³. [5]

....

....

....

....

....

....

....

....

3 Mae'n bosibl creu potasiwm nitrad drwy adweithio potasiwm carbonad ag asid nitrig.

a) Cwblhewch yr hafaliad symbol cytbwys ar gyfer yr adwaith hwn, gan gynnwys y fformiwla gywir ar gyfer potasiwm nitrad. [2]

.... K_2CO_3 + ... HNO_3 → .... + ...H_2O + ... CO_2

b) Mae tri grŵp o ddisgyblion yn titradu 25 cm³ o hydoddiant potasiwm carbonad 0.5 mol/dm³ yn erbyn hydoddiant asid nitrig â chrynodiad anhysbys.

Mae'r canlyniadau i'w gweld yn y tabl.

	Cyfaint yr asid nitrig sy'n cael ei ychwanegu / cm³		
Grŵp	Arbrawf 1	Arbrawf 2	Arbrawf 3
1	24.9	24.9	24.4
2	25.1	25.2	25.1
3	24.9	25.7	25.1

i) Rhowch gylch o amgylch dau ganlyniad anomalaidd (afreolaidd). [1]

ii) Defnyddiwch weddill y canlyniadau i gyfrifo cyfaint cymedrig yr asid nitrig. [2]

....

....

....

....

....

(HU) iii) Defnyddiwch y cyfaint cymedrig hwn i gyfrifo crynodiad yr asid nitrig mewn mol/dm³. [3]

....

....

....

....

....

....

[Cyfanswm = ... / 23 marc]

Cemeg

Gwaith Ymarferol Penodol 8: Darganfod adweithedd cymharol metelau

Mae gan fetelau briodweddau cemegol gwahanol, felly maen nhw'n ddefnyddiol mewn ffyrdd gwahanol. Mae adeiladu, coginio, electroneg a gemwaith yn ffyrdd cyffredin o ddefnyddio metelau. Un o briodweddau cemegol allweddol pob metel yw ei adweithedd (pa mor hawdd mae'n adweithio â chemegion eraill). Mae hyn yn effeithio ar sut bydd y metel yn cael ei ddefnyddio (er enghraifft, fyddai metel adweithiol iawn fel potasiwm ddim yn cael ei ddefnyddio wrth adeiladu oherwydd gallai fynd ar dân pan mae'n bwrw glaw). Mae adweithedd hefyd yn effeithio ar sut rydyn ni'n echdynnu'r metel o'r **mwyn**. Gallwn ni ddefnyddio dulliau echdynnu gwahanol yn dibynnu ar ba mor adweithiol yw'r metel; yn gyffredinol, y mwyaf adweithiol yw metel, y mwyaf anodd a drud yw ei echdynnu. Gallwn ni ddarganfod trefn adweithedd metelau drwy ddefnyddio cyfres o **adweithiau dadleoli**.

Nod

Cynnal adweithiau dadleoli i ddarganfod adweithedd cymharol metelau.

Cyfarpar ac adweithyddion

- Teilsen sbotio (o leiaf 16 pant)
- Marciwr
- 4 × pibed Pasteur
- Darnau bach o gopr, sinc, magnesiwm a haearn
- Hydoddiant copr(II) sylffad ($CuSO_4$) 0.1 mol/dm^3

- Hydoddiant magnesiwm sylffad ($MgSO_4$) 0.1 mol/dm^3
- Hydoddiant haearn(II) sylffad ($FeSO_4$) 0.1 mol/dm^3
- Hydoddiant sinc sylffad ($ZnSO_4$) 0.1 mol/dm^3

Dull

1. Rhowch ddarn bach o sinc, Zn, mewn pedwar pant yn yr un golofn ar y deilsen sbotio. Labelwch y golofn yn Zn.
2. Ailadroddwch gam 1 ar gyfer y metelau eraill (Magnesiwm, Mg, Copr, Cu, a Haearn, Fe).
3. Gan ddefnyddio pibed Pasteur, ychwanegwch ddigon o hydoddiant sinc sylffad, $ZnSO_4$, i brin orchuddio pob darn o fetel yn rhes gyntaf y deilsen sbotio. Labelwch y rhes yn $ZnSO_4$.
4. Ailadroddwch gam 3 ar gyfer gweddill yr hydoddiannau metel sylffad (magnesiwm sylffad, $MgSO_4$, copr sylffad, $CuSO_4$, a haearn(II) sylffad, $FeSO_4$).

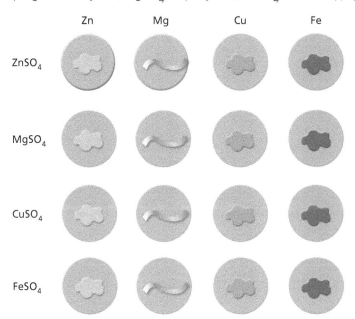

5. Arsylwch a chofnodwch unrhyw newidiadau i'r hydoddiannau neu i'r samplau metel yn yr adran **arsylwadau**.

Mae rhagor o wybodaeth ar gael yng ngwerslyfr **CBAC TGAU Cemeg** ar y tudalennau hyn:
- 119–121: Sut rydym ni'n cael metelau o'r ddaear?
- 121–122: Yr adwaith thermit
- 122: Gwneud metelau – ocsidiad neu rydwythiad?
- 123–125: Gwneud haearn

Termau allweddol

Mwyn: craig neu sylwedd sy'n cynnwys cyfansoddyn metel.

Adwaith dadleoli: adwaith cemegol lle mae elfen fwy adweithiol yn dadleoli elfen lai adweithiol o'i chyfansoddyn.

Nodyn

Mae'n bosibl y byddwch chi'n defnyddio metelau a hydoddiannau gwahanol i'r rhai sydd wedi'u rhestru yma, yn dibynnu ar y cemegion sydd ar gael yn eich ysgol. Dydy'r dull ddim yn newid, pa bynnag gemegion byddwch chi'n eu defnyddio.

Iechyd a diogelwch

Gwisgwch gyfarpar amddiffyn y llygaid. Dylech chi drin pob hydoddiant metel sylffad fel pe bai'n niweidiol. Gallai'r hydoddiannau hyn fynd ar eich croen neu yn eich llygaid wrth i chi eu rhoi nhw ar y deilsen sbotio. Os bydd unrhyw hydoddiant yn dod i gysylltiad â'r llygaid neu'r croen, golchwch y croen â dŵr sy'n rhedeg am o leiaf 5 munud.

Cyfleoedd mathemateg $\sqrt{2^3+1}$

- Adio a thynnu
- Dehongli data mewn tabl
- Cyfrifo canrannau

Nodyn

Mae rhai o'r hydoddiannau metel sylffad yn asidig ac felly'n gallu achosi i rai o'r samplau metel ryddhau swigod o nwy hydrogen. Fodd bynnag, dylech chi anwybyddu unrhyw swigod oherwydd dydyn nhw ddim yn rhan o'r adweithiau dadleoli.

Awgrym

Gadewch i'r dadleoliad barhau am o leiaf 2 funud cyn gwneud eich arsylwadau. Mae'n bosibl y bydd y solidau sy'n ffurfio yn edrych yn ddu ar y dechrau, ac y bydd angen parhau â'r adwaith am amser hirach cyn i'r lliw cywir ymddangos.

Arsylwadau

1 Defnyddiwch y tabl hwn i gofnodi eich canlyniadau.

	Sinc	Magnesiwm	Copr	Haearn
Sinc sylffad				
Magnesiwm sylffad				
Copr sylffad				
Haearn(II) sylffad				

Casgliadau

2 **a)** Rhowch y pedwar metel rydych chi wedi'u defnyddio yn nhrefn eu hadweithedd, o'r mwyaf adweithiol i'r lleiaf adweithiol.

	Metel
Mwyaf adweithiol	
Lleiaf adweithiol	

b) Esboniwch eich rhesymu ar gyfer rhan a).

....

....

....

....

....

3 Defnyddiwch fformiwlâu cemegol yr elfennau sydd wedi'u rhoi yn y rhestr cyfarpar i lunio hafaliadau symbol cytbwys ar gyfer pob un o'r adweithiau dadleoli sy'n digwydd yn yr arbrawf hwn.

....

....

....

....

....

Cemeg

Cwestiynau enghreifftiol

1 Mae'n bosibl defnyddio adweithiau dadleoli i ddarganfod trefn adweithedd drwy arsylwi a yw'r metel neu'r hydoddiannau yn newid lliw.

Mae athrawes yn cynnal cyfres o adweithiau dadleoli i ddarganfod trefn adweithedd tri metel (plwm, alwminiwm a nicel). Mae'r arsylwadau i'w gweld yn y tabl isod.

	Adwaith			
	plwm + alwminiwm nitrad	nicel + plwm(II) nitrad	alwminiwm + plwm(II) nitrad	alwminiwm + nicel(II) nitrad
Lliw'r metel cyn yr adwaith	llwyd tywyll	llwyd	llwyd golau	
Lliw'r hydoddiant cyn yr adwaith	di-liw	di-liw		gwyrdd
Lliw'r metel ar ôl yr adwaith	llwyd tywyll	llwyd tywyll	llwyd tywyll	
Lliw'r hydoddiant ar ôl yr adwaith	di-liw	gwyrdd		di-liw

a) Rhowch y tri metel yn nhrefn eu hadweithedd, o'r mwyaf adweithiol i'r lleiaf adweithiol. [1]

	Metel
Mwyaf adweithiol	
Lleiaf adweithiol	

b) Cwblhewch dabl yr athrawes drwy ychwanegu'r arsylwadau coll. [4]

c) Cwblhewch yr hafaliadau geiriau ar gyfer y tri adwaith dadleoli. [3]

nicel + plwm(II) nitrad → ....

alwminiwm + plwm(II) nitrad → ....

alwminiwm + nicel(II) nitrad → ....

ch) Cwblhewch yr hafaliad cytbwys hwn. [2]

.... Al + ... $Ni(NO_3)_2$ → .... Ni + ... $Al(NO_3)_3$

d) Ysgrifennwch yr hafaliad symbol ar gyfer yr adwaith dadleoli rhwng nicel a phlwm(II) nitrad. [2]

....

2 Mae adweithiau dadleoli yn cael eu defnyddio ym maes diwydiant i echdynnu metelau defnyddiol o'u mwyn.

a) Mae haearn yn cael ei ddadleoli o'r prif gyfansoddyn mewn mwyn haearn yn y ffwrnais chwyth.

Disgrifiwch sut mae haearn yn cael ei echdynnu yn y ffwrnais chwyth. Dylech chi gynnwys hafaliadau priodol i gefnogi eich ateb. [6 AYE]

....

....

....

....

....

....

....

....

....

....

....

....

....

....

....

....

....

....

....

b) Mae defnyddio sodiwm i echdynnu titaniwm o ditaniwm clorid yn adwaith dadleoli pwysig arall.

i) Cydbwyswch yr hafaliad. [1]

.... $TiCl_4$ + ... Na $\rightarrow$ .... Ti + ... NaCl

ii) Nodwch beth mae'r adwaith hwn yn ei ddweud wrthych chi am adweithedd cymharol sodiwm a thitaniwm. Rhowch y rheswm dros eich ateb. [2]

....

....

....

(HU) **c)** Wrth echdynnu titaniwm, mae 184 tunnell fetrig o sodiwm yn cael ei defnyddio.

Cyfrifwch fàs mwyaf y titaniwm fyddai'n gallu ffurfio yn yr adwaith hwn. [3]

....

....

....

....

....

ch) Màs gwirioneddol y titaniwm sy'n cael ei echdynnu yw 90 tunnell fetrig.
Cyfrifwch ganran cynnyrch yr adwaith hwn.
Os nad oeddech chi'n gallu ateb rhan c), tybiwch mai màs mwyaf y titaniwm yw 99 tunnell fetrig; fodd bynnag, nid dyma'r ateb cywir i ran c). [2]

....

....

....

[Cyfanswm = ... / 26 marc]

Cemeg

Gwaith Ymarferol Penodol 9: Ymchwilio i electrolysis hydoddiannau dyfrllyd

Mae **electrolysis** yn broses bwysig sy'n cael ei defnyddio mewn sawl ffordd. Drwy broses electrolysis, gallwn ni echdynnu metelau adweithiol, puro copr, **electroplatio** gwrthrychau metel, a chynhyrchu nwy hydrogen, nwy clorin a sodiwm hydrocsid o ddŵr môr. Wrth electroleiddio **cyfansoddion ïonig deuaidd** yn eu cyflwr tawdd, maen nhw'n cael eu hollti'n syth i'w helfennau. Fodd bynnag, wrth hydoddi yr un **cyfansoddion** mewn dŵr (hydoddiannau **dyfrllyd**), mae cynhyrchion electrolysis yn gallu newid yn dibynnu ar yr ïonau sy'n bresennol.

Mae rhagor o wybodaeth ar gael yng ngwerslyfr **CBAC TGAU Cemeg** ar y tudalennau hyn:

- 125–132: Electrolysis a gwneud alwminiwm
- 119–120: Sut rydym ni'n cael metelau o'r ddaear?

Nod

Ymchwilio i electrolysis hydoddiannau dyfrllyd ac electroplatio.

Cyfarpar ac adweithyddion

- 2 × electrod graffit
- 2 × gwifren drydanol
- 2 × clip crocodeil
- Bicer 50 cm³
- Teilsen wen (dewisol)
- Dŵr ar gael
- Papur litmws glas
- Hydoddiant startsh

- Brwsh sgrwbio neu bapur gwydrog
- Hydoddiant copr(II) sylffad 0.1 mol/dm³
- Hydoddiant arian nitrad 0.1 mol/dm³
- Hydoddiant copr(II) clorid 0.1 mol/dm³
- Hydoddiant sodiwm sylffad 0.1 mol/dm³*
- Hydoddiant sodiwm clorid 0.1 mol/dm³*
- Hydoddiant sodiwm ïodid 0.1 mol/dm³*

Termau allweddol

Electrolysis: defnyddio trydan i ddadelfennu cyfansoddion ïonig.

Electroplatio: ffurfio haen o fetel arall ar wrthrych metel drwy broses electrolysis.

Cyfansoddyn ïonig deuaidd: cyfansoddyn sy'n cynnwys ïonau o ddwy elfen wahanol – un metel ac un anfetel.

Dyfrllyd: yn debyg i ddŵr neu wedi hydoddi mewn dŵr.

Iechyd a diogelwch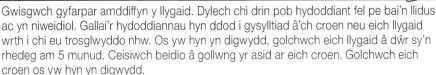

Gwisgwch gyfarpar amddiffyn y llygaid. Dylech chi drin pob hydoddiant fel pe bai'n llidus ac yn niweidiol. Gallai'r hydoddiannau hyn ddod i gysylltiad â'ch croen neu eich llygaid wrth i chi eu trosglwyddo nhw. Os yw hyn yn digwydd, golchwch eich llygaid â dŵr sy'n rhedeg am 5 munud. Ceisiwch beidio â gollwng yr asid ar eich croen. Golchwch eich croen os yw hyn yn digwydd.

Mae clorin yn llidus i'r system resbiradol ac mae lefelau uchel ohono yn wenwynig. Bydd defnyddio hydoddiannau â chrynodiad isel yn golygu y bydd llai o nwy clorin yn ffurfio. Ni ddylai'r electrolysis bara y tu hwnt i'r cyfnod sydd ei angen i brofi'r nwy. Peidiwch â chasglu nwy clorin mewn tiwb profi. Os yw'n bosibl, defnyddiwch gwpwrdd gwyntyllu wrth electroleiddio cloridau.

Mae defnyddio trydan gyda hydoddiannau dyfrllyd yn cyflwyno risg o sioc drydanol. Wrth gydosod y cyfarpar electrolysis, sicrhewch fod y trydan wedi'i ddiffodd yn y soced nes bod y cyfarpar i gyd wedi'i gydosod yn ddiogel. Diffoddwch y trydan yn y soced wrth newid yr hydoddiannau. Peidiwch â throi trydan y prif gyflenwad ymlaen nac i ffwrdd os yw eich dwylo'n wlyb. Peidiwch â defnyddio foltedd uwch na 6 V.

Nodyn

Dim ond ymgeiswyr sy'n astudio'r Haen Uwch ddylai ddefnyddio cyfansoddion sodiwm (wedi'u marcio â *) ar gyfer y gwaith ymarferol hwn. Os ydych chi'n ansicr, gofynnwch i'ch athro.

Nodyn

Efallai bydd yr hydoddiannau hyn wedi'u labelu'n A–Dd neu yn ôl eu henwau. Y naill ffordd neu'r llall, mae'n bwysig eich bod chi'n adnabod pob hydoddiant er mwyn gwybod pa un yw pa un wrth wneud y gwaith ymarferol.

Mae'n bosibl y byddwch chi'n defnyddio cyfarpar gwahanol i wneud yr electrolysis yn eich ysgol chi, yn dibynnu ar yr adnoddau sydd ar gael.

Cyfleoedd mathemateg

- Adio a thynnu
- Dehongli data mewn tabl

Dull

1. Cydosodwch y gylched electrolysis drwy gysylltu
   - y gwifrau â phecyn pŵer cerrynt union
   - clip crocodeil â phob gwifren
   - yr electrodau graffit â'r clipiau crocodeil.
2. Rhowch tua 25 cm³ o'r hydoddiant cyntaf yn y bicer.
3. Dipiwch yr electrodau yn yr hydoddiant.
4. Trowch y foltedd ar y pecyn pŵer i gyfateb i'r foltedd mae eich athro wedi'i nodi, a throwch y trydan ymlaen.

Nodyn

I brofi am nwy clorin, defnyddiwch bapur litmws glas llaith, a fydd yn troi'n goch. I brofi am ïodin, ychwanegwch hydoddiant startsh at unrhyw hydoddiant sy'n troi'n frown. Os yw ïodin yn bresennol, bydd yr hydoddiant yn troi'n frown ar y dechrau ac yna'n ddu-las ar ôl ychwanegu'r hydoddiant startsh. Os yw'r hydoddiant yn cynnwys ïonau sylffad neu nitrad fel yr ïon negatif, bydd yr anod yn ffurfio nwy ocsigen. O ganlyniad bydd swigod yn ffurfio ar yr anod, ond fyddan nhw ddim yn troi papur litmws glas llaith yn goch fel byddai nwy clorin.

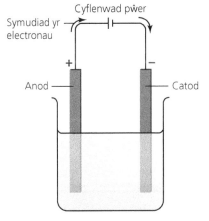

5 Arsylwch yr electrolysis a chofnodwch beth rydych chi'n ei weld yn y tabl yn yr adran **arsylwadau**.
Gan ddefnyddio papur litmws glas llaith, profwch unrhyw nwy sy'n ffurfio ar yr anod am bresenoldeb nwy clorin.
Defnyddiwch hydoddiant startsh i brofi unrhyw hydoddiant brown sy'n ffurfio ar yr anod.

> **Awgrym**
>
> Os ydych chi wedi casglu'r nwyon mewn tiwbiau profi, byddwch chi hefyd yn gallu profi am bresenoldeb nwy hydrogen a nwy ocsigen. Fodd bynnag, dim ond nwyon sydd wedi profi'n negatif am nwy clorin dylech chi eu casglu.

6 Diffoddwch y trydan.
7 Gan ddefnyddio brwsh sgrwbio neu bapur gwydrog, glanhewch yr electrodau os oes solid wedi ffurfio arnyn nhw, a golchwch y bicer yn dda â dŵr.
8 Ailadroddwch gamau 1–7 ar gyfer yr hydoddiannau eraill.

Cemeg

Arsylwadau

1 Defnyddiwch y tabl hwn i gofnodi eich canlyniadau.

Os nad yw'r hydoddiannau wedi'u labelu'n A–Dd, defnyddiwch yr un drefn ag sydd i'w gweld yn eich **rhestr cyfarpar**.

	Catod (electrod negatif)		Anod (electrod positif)	
	Arsylwad (gan gynnwys cyflwr ffisegol a chanlyniadau profion am nwyon)	Enw'r cynnyrch	Arsylwad (gan gynnwys cyflwr ffisegol a chanlyniadau profion am nwyon)	Enw'r cynnyrch
A				
B				
C				
Ch				
D				
Dd				

Casgliadau

2 Os yn berthnasol, enwch y cyfansoddion yn hydoddiannau A–Dd.

A: .... B: ....

C: .... Ch: ....

D: .... Dd: ....

Gwerthuso

3 Os yn berthnasol, bydd eich athro yn dweud wrthych chi beth yw'r hydoddiannau gwahanol.

Gwerthuswch eich arbrawf drwy gymharu hyn â'ch canlyniadau chi.

Cofiwch gynnwys unrhyw welliannau posibl fyddai'n cynyddu eich hyder yn y canlyniadau.

Awgrym

Os ydych chi wedi enwi'r cyfansoddion i gyd yn gywir, meddyliwch beth gallech chi ei wneud i ddarparu mwy o dystiolaeth ynglŷn â beth yw pob un o gynhyrchion yr electrolysis.

....

....

....

....

....

....

....

Cemeg

Cwestiynau enghreifftiol

1 Mae electrolysis hydoddiannau dyfrllyd yn dechneg ddefnyddiol oherwydd gallwn ni electroleiddio cyfansoddion heb fod angen yr holl wres sydd ei angen i ymdoddi'r cyfansoddyn solid.

Un enghraifft gyffredin o electrolysis dyfrllyd yw electrolysis copr(II) clorid.

a) Rhagfynegwch pa gyfansoddion fydd yn ffurfio ar y ddau electrod yn ystod electrolysis copr(II) clorid.

Esboniwch eich ateb yn nhermau'r ïonau dan sylw, gan gynnwys hafaliadau ïonig. [6 AYE]

b) i) Yn ystod electrolysis sodiwm clorid, mae nwy hydrogen a nwy clorin yn cael eu rhyddhau ar yr electrodau. Mae'r trydydd cynnyrch yn yr adwaith hwn yn hydoddiant dyfrllyd.

Pan fydd dangosydd cyffredinol yn cael ei ychwanegu at y cynnyrch hwn, mae'n troi'n borffor. Cwblhewch a chydbwyswch yr hafaliad ar gyfer yr adwaith. [2]

$2NaCl + 2H_2O \rightarrow$ .... $+ H_2 + Cl_2$

ii) Enwch y trydydd cynnyrch. [1]

c) Mae'n bosibl defnyddio electrodau graffit i wneud yr electrolysis hwn. Esboniwch pam mae graffit yn ddefnydd addas ar gyfer y math hwn o electrolysis. [2]

(HU) ch) Ysgrifennwch hafaliadau ïonig ar gyfer y prosesau sy'n digwydd ar y catod. [2]

2 Mae'n bosibl defnyddio electrolysis i roi araen metel arian ar wrthrych metel. Mae hyn yn fath o electroplatio.

a) I roi araen arian ar wrthrych metel, rhaid tynnu un o'r electrodau oddi yno a defnyddio'r gwrthrych metel yn ei le; bydd yr arian yn glynu wrth y gwrthrych metel yn lle'r electrod sydd wedi'i dynnu oddi yno.

O wybod mai Ag^+ yw ïonau arian, nodwch pa electrod mae'n rhaid ei dynnu oddi yno yn y sefyllfa hon. [1]

Cemeg

b) Yn ystod proses electroplatio, mae màs yr arian sy'n cael ei ddyddodi ar lwy fetel yn cael ei fesur bob 60 eiliad. Mae'r canlyniadau i'w gweld yn y tabl.

Cyfrifwch gyfanswm màs yr arian sy'n cael ei ychwanegu at y llwy dros gyfnod o 3 munud. **[1]**

Amser / s	0	60	120	180
Màs y llwy / g	22.4	22.8	23.2	23.6

....

....

....

c) Disgrifiwch y duedd sydd i'w gweld yn y canlyniadau hyn. **[2]**

....

....

....

(HU) **ch)** Beth yw enw'r broses sy'n ffurfio atomau arian o ïonau arian ar y catod? **[1]**

....

d) Ysgrifennwch hafaliad ïonig ar gyfer y broses sy'n digwydd ar yr anod. **[2]**

....

....

[Cyfanswm = ... / 20 marc]

Gwaith Ymarferol Penodol 10: Ymchwilio i'r egni mae tanwydd yn ei ryddhau

Mae **adweithiau ecsothermig** yn rhyddhau egni gwres i'r amgylchedd o'u hamgylch. Yn aml, y broses hon o ryddhau egni gwres yw'r prif reswm dros gynnal yr adwaith – fel coginio bwyd, neu ddefnyddio ager (stêm) er mwyn generadu egni trydanol. Mae'r egni mae **tanwydd** yn ei ryddhau am bob gram (neu am bob môl) yn ffactor wrth benderfynu pa danwydd i'w ddefnyddio mewn sefyllfaoedd gwahanol. Er enghraifft, mae angen llai o egni i wneud i gar symud nag i wneud i awyren hedfan, felly mae ceir yn defnyddio tanwydd sy'n rhyddhau llai o egni – byddai'r egni'n cael ei wastraffu fel arall. Mae'r arbrawf hwn yn ymchwilio i'r egni mae pedwar **alcohol** gwahanol yn ei ryddhau.

Termau allweddol

Adwaith ecsothermig: adwaith sy'n rhyddhau egni gwres (ac felly'n achosi i'r tymheredd gynyddu).

Adwaith endothermig: adwaith sy'n amsugno egni gwres (ac felly'n achosi i'r tymheredd ostwng).

Tanwydd: cemegyn sy'n cael ei ddefnyddio, bron ym mhob achos, i ryddhau egni gwres mewn adweithiau cemegol (adweithiau hylosgi fel arfer).

Alcohol: moleciwl organig sy'n cynnwys grŵp gweithredol hydrocsyl (–OH) wedi'i fondio â charbon sy'n rhan o gadwyn hydrocarbon.

Hafaliad allweddol

$$\text{egni sy'n cael ei ryddhau gan 1 gram o alcohol (J)} = \frac{\text{màs y dŵr (g)} \times \text{cynnydd yn y tymheredd (°C)} \times 4.2}{\text{màs yr alcohol wedi'i losgi (g)}}$$

Nod

Darganfod faint o egni mae tanwydd yn ei ryddhau.

Cyfarpar ac adweithyddion

- 4 × fflasg gonigol 250 cm³
- Silindr mesur 100 cm³
- Stand clamp
- 2 × clamp
- 2 × cnap
- Thermomedr (amrediad o –10 °C i 100 °C yn ddelfrydol)
- Mat gwrth-wres
- Dŵr ar gael

- Clorian màs (yn mesur i 2 le degol yn ddelfrydol)
- Llosgydd gwirod yn cynnwys methanol (CH_3OH)
- Llosgydd gwirod yn cynnwys ethanol (C_2H_5OH)
- Llosgydd gwirod yn cynnwys propan-1-ol (C_3H_7OH)
- Llosgydd gwirod yn cynnwys bwtan-1-ol (C_4H_9OH)

Dull

1. Defnyddiwch silindr mesur i fesur 100 cm³ o ddŵr, a'i arllwys i mewn i'r fflasg gonigol.
2. Clampiwch y fflasg a'i gosod tua 1 cm uwchben y llosgydd gwirod pan mae clawr y llosgydd wedi'i osod arno.
3. Clampiwch y thermomedr fel bod bwlb y thermomedr o dan y dŵr ond heb fod yn cyffwrdd â gwaelod y fflasg.
4. Cofnodwch fàs y llosgydd gwirod, gan gynnwys y clawr, yn y tabl canlyniadau yn yr adran **arsylwadau**.
5. Cofnodwch dymheredd cychwynnol y dŵr yn y tabl canlyniadau.
6. Taniwch y llosgydd gwirod a'i symud o dan y fflasg gonigol.

Mae rhagor o wybodaeth ar gael yng ngwerslyfr **CBAC TGAU Cemeg** ar y tudalennau hyn:

- 142–147: Adweithiau cemegol ac egni
- 151–152: Hylosgiad hydrocarbonau a thanwyddau eraill
- 164–166: Alcoholau

Iechyd a diogelwch ⚠

Gwisgwch gyfarpar amddiffyn y llygaid, a gwnewch yn siŵr bod eich man gweithio yn glir a bod y labordy wedi'i awyru'n dda. Sicrhewch fod y llosgyddion gwirod yn aros y ffordd iawn i fyny er mwyn osgoi gollyngiadau. Dylech chi drin pob alcohol fel pe bai'n fflamadwy ac yn niweidiol. Gallan nhw fynd ar dân a llosgi unigolion neu gyfarpar fflamadwy fel papur. Mae mewnanadlu'r anweddau yn gallu achosi niwed parhaol.

Mae gwydr poeth yn gallu achosi llosgiadau. Gall hyn ddigwydd wrth symud y llosgyddion a'r fflasg gonigol sydd wedi'i gwresogi. Gadewch i'r cyfarpar oeri cyn ei symud.

Nodyn

Gallwch chi ddefnyddio'r enwau symlach propanol a bwtanol yn lle propan-1-ol a bwtan-1-ol. Does dim angen i chi wybod beth yw ystyr yr 1 yn yr enw oni bai eich bod chi'n astudio'r Haen Uwch, lle mae angen gwybod y gwahaniaeth rhwng propan-1-ol a propan-2-ol.

Cyfleoedd mathemateg

- Adio a thynnu
- Cyfrifo gwerthoedd cymedrig
- Dehongli data mewn tablau
- Defnyddio ac ad-drefnu hafaliadau
- Mesur cyfaint, màs a thymheredd

Nodyn

Rydych chi'n cofnodi màs y llosgydd yn gyntaf er mwyn rhoi amser i'r thermomedr gyrraedd y tymheredd cywir.

7 Gadewch i'r llosgydd wresogi'r dŵr nes bod tymheredd y dŵr yn cynyddu tua 40°C.

8 Symudwch y llosgydd gwirod oddi wrth y fflasg gonigol a'i ddiffodd.

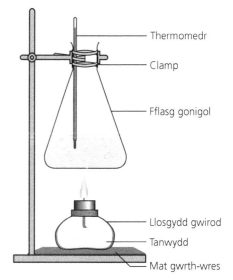

Thermomedr

Clamp

Fflasg gonigol

Llosgydd gwirod

Tanwydd

Mat gwrth-wres

Awgrym

I ddiffodd y fflam, rhowch y clawr dros y fflam yn llwyr i dynnu'r ocsigen o'r fflam. Os ydych chi'n poeni am roi'r clawr ar y fflam, gallwch chi wlychu eich llaw â dŵr yn gyntaf i amsugno'r gwres o'r fflam neu gallwch chi ofyn i'ch athro wneud hyn.

9 Gwiriwch y tymheredd yn rheolaidd nes ei fod yn stopio cynyddu. Cofnodwch dymheredd uchaf y dŵr yn y tabl canlyniadau.

10 Ar ôl i'r llosgydd oeri, cofnodwch fàs y llosgydd.

11 Ailadroddwch gamau 1–10 gan ddefnyddio pob un o'r alcoholau eraill.

Arsylwadau

1 Cwblhewch y tabl canlyniadau hwn.

Alcohol	Methanol (CH_3OH)	Ethanol (C_2H_5OH)	Propan-1-ol (C_3H_7OH)	Bwtan-1-ol (C_4H_9OH)
Màs cychwynnol y llosgydd / g				
Màs terfynol y llosgydd / g				
Màs yr alcohol wedi'i losgi / g				
Tymheredd cychwynnol y dŵr / °C				
Tymheredd terfynol y dŵr / °C				
Cynnydd yn nhymheredd y dŵr / °C				

Cemeg

85

Casgliadau

2   Cyfrifwch yr egni sy'n cael ei ryddhau gan 1 gram o bob alcohol. Defnyddiwch yr hafaliad:

egni sy'n cael ei ryddhau gan 1 gram o alcohol (J) = $\dfrac{\text{màs y dŵr (g)} \times \text{cynnydd yn y tymheredd (°C)} \times 4.2}{\text{màs yr alcohol wedi'i losgi (g)}}$

Methanol: ....

....

Ethanol: ....

....

Propan-1-ol: ....

....

Bwtan-1-ol: ....

....

Nodyn

Does dim angen i chi ddysgu'r hafaliad hwn ar gyfer yr arholiad ond mae angen i chi wybod sut i'w ddefnyddio.

3   Disgrifiwch y berthynas rhwng nifer yr atomau carbon mewn alcohol penodol a'r egni sy'n cael ei ryddhau wrth losgi un gram o'r alcohol hwnnw.

....

....

....

....

Gwerthuso

4   Mae'r tabl hwn yn dangos yr egni sy'n cael ei ryddhau gan bob alcohol, wedi'i fesur gan ddefnyddio calorimedr bom (dull mesur manwl gywir).

Gwerthuswch eich arbrawf drwy gymharu'r gwerthoedd hyn â'ch canlyniadau chi. Awgrymwch unrhyw welliannau posibl.

Alcohol	Egni am bob gram / J
Methanol	22 687.5
Ethanol	29 717.4
Propan-1-ol	33 683.3
Bwtan-1-ol	36 162.2

....

....

....

....

....

....

Cemeg

Cwestiynau enghreifftiol

1 Er mwyn bod yn ddefnyddiol, mae'n rhaid i danwydd gynhyrchu llawer o egni am bob gram o danwydd. Mae disgybl eisiau darganfod ai alcanau neu alcoholau yw'r tanwydd gorau i'w ddefnyddio mewn peiriant tanio *(combustion engine)*.
Mae'n penderfynu profi pentan-1-ol ($C_5H_{11}OH$) a pentan (C_5H_{12}), gan fod yr un nifer o atomau carbon yn y ddau i roi cymhariaeth deg.

a) Disgrifiwch ddull gallai'r disgybl ei ddefnyddio i ddarganfod y cynnydd tymheredd mae pob tanwydd yn ei achosi.

Dylech chi enwi'r newidyn annibynnol, y newidyn dibynnol a'r newidyn rheolydd ac esbonio sut i wneud y prawf yn deg. Does dim angen i chi ddisgrifio sut i gyfrifo'r egni sy'n cael ei ryddhau gan bob tanwydd. **[6 AYE]**

b) Wrth losgi 2 g o bob tanwydd i wresogi 100 g o ddŵr, y cynnydd yn y tymheredd, am bob gram, yw:

pentan, 69.6 °C

pentan-1-ol, 54.0 °C.

Defnyddiwch yr hafaliad allweddol i gyfrifo faint o egni sy'n cael ei ryddhau am bob gram gan bob tanwydd. **[2]**

$$\text{egni sy'n cael ei ryddhau gan 1 gram o danwydd (J)} = \frac{\text{màs y dŵr (g)} \times \text{cynnydd yn y tymheredd (°C)} \times 4.2}{\text{màs y tanwydd wedi'i losgi (g)}}$$

Pentan: ....

Pentan-1-ol: ....

c) Nodwch ai alcoholau neu alcanau yw'r tanwydd mwyaf defnyddiol mewn peiriannau tanio. Esboniwch eich ateb. [2]

....

....

....

ch) Cydbwyswch yr hafaliad hwn ar gyfer hylosgiad cyflawn pentan: [2]

C_5H_{12} + ... O_2 → .... CO_2 + ... H_2O

2 a) Mae'r diagram isod yn cynrychioli hylosgiad propan:

Dyma'r egnïon bond yn yr adwaith hwn:

Bond	Egni bond / kJ/mol
C—C	348
C—H	412
O=O	496
C=O	743
O—H	463

i) Cyfrifwch yr egni sy'n cael ei amsugno wrth dorri'r bondiau yn yr adweithyddion. [2]

....

....

ii) Cyfrifwch yr egni sy'n cael ei ryddhau wrth ffurfio'r bondiau yn y cynhyrchion. [2]

....

....

iii) Cyfrifwch y newid egni yn yr adwaith hwn. [2]

....

....

b) Defnyddiwch eich atebion i ran a) i esbonio pam mae hylosgiad propan yn ecsothermig. [1]

....

....

[Cyfanswm = ... / 19 marc]

Gwaith Ymarferol Penodol 1: Ymchwilio i nodweddion cerrynt–foltedd (*I–V*)

Mae nodweddion *I–V* wedi'u cynrychioli gan graffiau cerrynt–foltedd sy'n dangos sut mae'r **cerrynt** ar draws cydran yn amrywio wrth i'r **foltedd** (neu'r **gwahaniaeth potensial**) ar ei thraws gynyddu neu leihau. Mae siâp nodweddion *I–V* yn amrywio rhwng cydrannau gwahanol, a gallwch chi weld hyn drwy eu plotio nhw ar graff. Gallwn ni hefyd ddefnyddio'r graffiau hyn i gyfrifo gwrthiant cydran ar folteddau gwahanol, drwy ddefnyddio graddiant y graff.

Mae rhagor o wybodaeth ar gael yng ngwerslyfr **CBAC TGAU Ffiseg** ar y tudalennau hyn:
- 10: Deddf Ohm
- 12: Cymharu nodweddion trydanol cydrannau trydanol gwahanol

Nod

Ymchwilio i nodweddion cerrynt–foltedd (I–V) cydran.

Termau allweddol

Cerrynt: llif gwefr drydanol; maint y cerrynt trydanol yw cyfradd llif y wefr drydanol; rydyn ni'n ei fesur mewn amperau (A).

Foltedd (gwahaniaeth potensial, g.p.): ffordd o fesur y gwaith sy'n cael ei wneud, neu'r egni sy'n cael ei drosglwyddo i gydran, gan bob **coulomb** o wefr sy'n mynd drwyddi; rydyn ni'n ei fesur mewn foltiau (V).

Coulomb: yr uned ar gyfer mesur gwefr; mae gwefr fach iawn gan bob electron sef -1.6×10^{-19} C.

Hafaliad allweddol $x+y=z$

$$\text{gwrthiant } (\Omega) = \frac{\text{foltedd (V)}}{\text{cerrynt (A)}}$$

Cyfarpar

- Cyflenwad pŵer newidiol (neu gyflenwad pŵer sefydlog gyda gwrthydd newidiol)
- Foltmedr
- Amedr
- Lamp ffilament
- Gwifrau
- Cydrannau eraill, fel gwrthydd sefydlog neu ddeuod (dewisol)
- Miliamedr (os ydych chi'n defnyddio deuod)

Iechyd a diogelwch

Byddwch yn ofalus wrth gynyddu foltedd y cyflenwad pŵer, oherwydd mae'r cydrannau (yn enwedig y lamp ffilament) yn debygol o fynd yn eithaf poeth. Cyn i chi ddefnyddio'r gwifrau, gwnewch yn siŵr nad ydyn nhw wedi'u difrodi.

Cyfleoedd mathemateg $\sqrt{2^3+1}$

- Defnyddio nifer priodol o ffigurau ystyrlon
- Defnyddio diagram gwasgariad i adnabod cydberthyniad rhwng dau newidyn
- Deall bod $y = mx + c$ yn cynrychioli perthynas linol
- Plotio dau newidyn o ddata arbrofol neu ddata eraill
- Canfod cymedr rhifyddol set o ddata

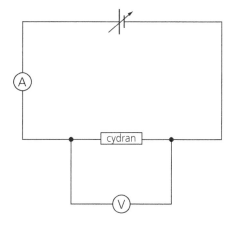

Dull

1. Gwnewch yn siŵr bod y cyflenwad pŵer wedi'i ddiffodd. Cydosodwch eich cylched, fel sydd i'w weld yn y diagram, a rhowch y lamp ffilament yn y safle lle mae'n dweud 'cydran'.
2. Gosodwch y foltedd ar 2 V. Trowch y cyflenwad pŵer ymlaen a chofnodwch y cerrynt drwy'r gylched (gan ddefnyddio'r amedr) a'r foltedd ar draws y gydran (gan ddefnyddio'r foltmedr, **nid** y deial ar y cyflenwad pŵer). Defnyddiwch adran 'positif' y tabl yn yr adran **arsylwadau**.
3. Defnyddiwch y cyflenwad pŵer i gynyddu'r foltedd 2 V. Cofnodwch ddarlleniadau'r amedr a'r foltmedr unwaith eto. Ailadroddwch y cam hwn nes bod gennych chi chwech o ddarlleniadau, hyd at tua 12 V.
4. Diffoddwch y cyflenwad pŵer a chyfnewid y ddwy wifren sy'n cysylltu'r cyflenwad â'r gylched. Bydd hyn yn gwneud i'r cerrynt lifo o amgylch y gylched i'r cyfeiriad arall (negatif).
5. Ailadroddwch gamau 2–3, gan ddefnyddio eich darlleniadau i gwblhau adran 'negatif' y tabl canlyniadau.
6. Ailadroddwch gamau 1–5, os yw eich athro yn dweud wrthych chi am wneud hynny, gan ddefnyddio cydrannau gwahanol yn lle'r gwrthydd sefydlog. Cofnodwch y canlyniadau hyn yn y colofnau 'Cydrannau ychwanegol', gan wneud yn siŵr eich bod chi'n ysgrifennu enw'r gydran yn y pennawd.

Awgrym

Os ydych chi'n mesur nodweddion deuod, bydd angen rhoi gwrthydd sefydlog mewn cyfres â'r deuod. Fel arall, bydd y cerrynt sy'n rhedeg drwyddo yn rhy uchel. Oherwydd bod ceryntau isel yn rhedeg drwy'r deuod, bydd angen i chi ddefnyddio miliamedr. Mae hyn oherwydd bod **cydraniad** uwch gan y miliamedr nag sydd gan amedr.

Term allweddol

Cydraniad: y maint lleiaf posibl mae offeryn mesur yn gallu ei fesur sy'n dangos newid gweladwy yn y darlleniad.

Arsylwadau

1 Cwblhewch y tabl canlyniadau hwn.

	Lamp ffilament		Cydran ychwanegol 1:		Cydran ychwanegol 2:	
	Foltedd / V	Cerrynt / A	Foltedd / V	Cerrynt / A	Foltedd / V	Cerrynt / A
Positif						
Negatif						

2 Plotiwch graff sy'n dangos *Foltedd / V* (echelin-*x*) yn erbyn *Cerrynt / A* (echelin-*y*). Lluniadwch linell neu gromlin ffit orau.

Awgrym

Ystyriwch amrediad eich canlyniadau cyn plotio'r graff, oherwydd efallai bydd angen i chi gynnwys echelinau negatif.

Awgrym

Os ydych chi wedi profi cydrannau ychwanegol, plotiwch nodweddion y cydrannau hyn ar yr un graff. Rhowch label clir ar bob un.

Ffiseg

3 Cyfrifwch wrthiant eich lamp ffilament ar foltedd o 4.00 V.

....

....

4 Ar y graff nodwedd *I–V* ar gyfer eich lamp ffilament, labelwch y pwyntiau lle mae gwrthiant y lamp ar ei uchaf ac ar ei isaf. Esboniwch pam.

....

....

....

....

Casgliadau

5 Pam mae nodwedd *I–V* y lamp ffilament yn dangos **nad yw'n** dilyn **deddf Ohm**?

Term allweddol
Deddf Ohm: mae'r cerrynt sy'n llifo drwy wrthydd ar dymheredd cyson mewn cyfrannedd union â'r foltedd ar draws y gwrthydd.

....

....

6 Disgrifiwch sut byddai'r nodwedd *I–V* ar gyfer lamp ffilament â gwrthiant uwch yn edrych.

....

....

Gwerthuso

7 Bydd eich athro yn esbonio (neu'n dangos) sut dylai siâp eich graff edrych.

Cymharwch eich graff chi â graff eich athro. Gwerthuswch y rhesymau dros unrhyw wahaniaethau.

....

....

....

....

....

....

Cwestiynau enghreifftiol

1 Mae'r graff nodwedd *I–V* hwn yn cael ei roi i ddisgybl.

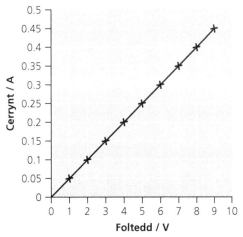

a) Pa gydran mae'r graff yn ei chynrychioli?　[1]

Deuod

Lamp ffilament

Gwrthydd sefydlog

LED

b) Darganfyddwch y foltedd sydd ei angen i gynhyrchu cerrynt o 0.3 A.　[1]

....

....

c) Gan dybio bod y graddiant yn aros yn gyson, rhagfynegwch y cerrynt drwy'r gydran ar gyfer foltedd o 14 V.　[1]

....

....

ch) Cyfrifwch wrthiant y gydran hon.　[3]

....

....

....

2 Mae disgybl yn ymchwilio i sut mae'r cerrynt drwy lamp ffilament yn amrywio gyda'r foltedd ar draws y lamp. Mae'r tabl hwn yn dangos canlyniadau'r disgybl.

Foltedd / V	Cerrynt / A			
	Arbrawf 1	Arbrawf 2	Arbrawf 3	Cerrynt cymedrig
0.50	0.25	0.27	0.12	
1.50	0.61	0.63	0.62	
3.00	0.96	1.01	1.00	
4.50	1.28	1.28	1.31	
6.00	1.47	1.48	1.52	
7.50	1.52	1.72	1.74	
12.00	2.00	2.02	2.04	

a) Rhowch gylch o amgylch **dau** ganlyniad anomalaidd (afreolaidd). Rhowch reswm pam gallai'r canlyniadau anomalaidd hyn fod wedi digwydd.　[3]

....

....

....

b) Defnyddiwch weddill y canlyniadau i gyfrifo'r gwerthoedd cerrynt cymedrig. Cwblhewch y tabl.　[2]

c) Darganfyddwch pa foltedd sy'n rhoi'r gwerthoedd cerrynt â'r amrediad lleiaf. [1]

....

ch) Plotiwch graff sy'n dangos *Foltedd* (echelin-*x*) yn erbyn *Cerrynt* (echelin-*y*). Lluniadwch gromlin ffit orau. [4]

d) Esboniwch pam mae gan y nodwedd y siâp sydd i'w weld yn eich graff, wrth i'r foltedd gynyddu o sero. [5 AYE]

....

....

....

....

....

....

....

....

[Cyfanswm = ... / 21 marc]

Gwaith Ymarferol Penodol 2: Ymchwilio i ddulliau trosglwyddo gwres

Mae tri dull o drosglwyddo egni gwres (neu egni thermol): darfudiad, dargludiad a phelydriad. Mae darfudiad yn digwydd mewn llifyddion (hylifau a nwyon), ac mae'n cynhyrchu ceryntau sy'n caniatáu i egni thermol symud drwy'r llifydd. Mae dargludiad yn digwydd pan mae gronynnau mewn defnydd yn gwrthdaro, ac wrth wneud hynny yn trosglwyddo egni. Mae dargludiad yn gweithio orau mewn solidau, yn enwedig mewn metelau. Math o belydriad electromagnetig yw pelydriad isgoch. Bydd unrhyw wrthrych ag egni thermol yn allyrru pelydriad isgoch, ond mae faint mae'r gwrthrych yn ei allyrru yn dibynnu ar dymheredd y gwrthrych a hefyd ar briodweddau arwyneb y gwrthrych.

Nod

Ymchwilio i ddulliau trosglwyddo gwres.

Cyfarpar

- 2 × bicer 250 cm³
- 1 grisial potasiwm manganad(VII)
- Tiwbin gwydr, diamedr 1cm
- Trybedd a rhwyllen
- Mat gwrth-wres
- Llosgydd Bunsen
- Gefel

- Thermomedr
- Ciwb Leslie
- Stopwatsh
- 4 × rhoden fetel (alwminiwm, pres, copr a haearn)
- 4 × pìn bawd
- Jeli petroliwm

Dull

Rhan A: Darfudiad

1 Llenwch y bicer â 200 cm³ o ddŵr, a'i roi ar y trybedd a'r rhwyllen.
2 Rhowch y tiwbin gwydr yn y bicer o ddŵr.
3 Rhowch un grisial potasiwm manganad(VII) yn y tiwbin gwydr yn ofalus. Gadewch iddo setlo ar waelod y bicer.
4 Gan gadw eich bys dros ben y tiwbin, tynnwch y tiwbin allan o'r dŵr.
5 Rhowch losgydd Bunsen â fflam oren yn union o dan y grisial.
6 Cofnodwch eich arsylwadau yn yr adran **arsylwadau**.

Rhan B: Pelydriad

1 Rhowch y ciwb Leslie ar y mat gwrth-wres.

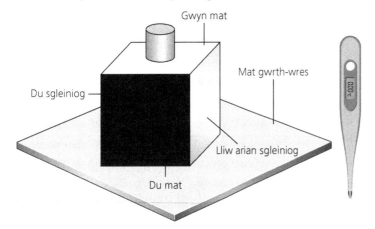

2 Berwch ddŵr yn y tegell a'i arllwys i mewn i'r ciwb Leslie.
3 Defnyddiwch y thermomedr digidol i fesur y tymheredd yn agos at bob arwyneb. Efallai bydd angen i chi aros ychydig eiliadau i'ch thermomedr sefydlogi. Cofnodwch y gwerthoedd hyn yn y tabl canlyniadau yn yr adran **arsylwadau**.
4 Arhoswch i'r ciwb Leslie oeri. Arllwyswch y dŵr allan. Rhowch y cyfarpar heibio.

Mae rhagor o wybodaeth ar gael yng ngwerslyfr **CBAC TGAU Ffiseg** ar y tudalennau hyn:

- 50–52: Darfudiad
- 53–54: Dargludiad
- 56: Pelydriad isgoch

Iechyd a diogelwch

Gwisgwch gyfarpar amddiffyn y llygaid. Mae potasiwm manganad(VII) yn niweidiol – dylech chi wisgo menig (nitril) a defnyddio gefel i'w drin. Os yw'n dod i gysylltiad â'ch croen, golchwch y croen o dan ddŵr sy'n rhedeg am o leiaf 5 munud.

Byddwch yn ofalus wrth ddefnyddio cyfarpar poeth. Rhowch y ciwb Leslie ar fat gwrth-wres cyn ei lenwi, a pheidiwch â chyffwrdd â'r ciwb yn uniongyrchol nes ei fod wedi oeri. Gadewch i'r rhodenni metel oeri'n llwyr ar ôl yr arbrawf dargludiad.

Cyfleoedd mathemateg $\sqrt{2^3+1}$

- Trosi gwybodaeth rhwng ffurfiau graffigol a ffurfiau rhifiadol
- Plotio dau newidyn o ddata arbrofol neu ddata eraill
- Trawsnewid rhwng unedau gwahanol

Nodyn

Efallai bydd eich athro yn gwneud Rhan A a/neu Rhan B ac y byddwch chi'n arsylwi. Fodd bynnag, dylech chi ddarllen y cyfarwyddiadau beth bynnag a chwblhau'r cwestiynau i sicrhau eich bod chi'n deall y dull.

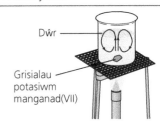

Dŵr

Grisialau potasiwm manganad(VII)

Nodyn

Os nad oes ciwbiau Leslie ar gael, efallai bydd eich athro yn awgrymu dull arall sy'n ddefnyddio cyfarpar symlach, ac yn dweud wrthych chi sut i newid y dull.

Awgrym

Defnyddiwch riwl er mwyn sicrhau eich bod chi'n cymryd pob darlleniad tymheredd o'r un pellter ar gyfer y pedair ochr.

Rhan C: Dargludiad

1 Cydosodwch y cyfarpar fel sydd i'w weld isod.

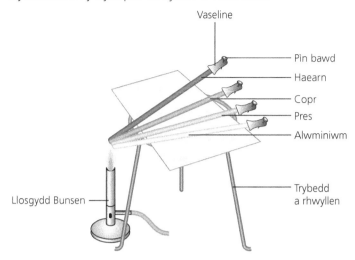

2 Defnyddiwch jeli petroliwm Vaseline er mwyn gludio pìn bawd ar un pen pob rhoden fetel.

3 Rhowch y pen arall yn y fflam Bunsen, gan wneud yn siŵr bod pob pìn yr un pellter oddi wrth y fflam.

4 Gwresogwch y rhodenni metel â fflam Bunsen las.

5 Cofnodwch yr amser mae'n ei gymryd i'r pìn ddisgyn oddi ar bob rhoden fetel.

Nodyn

Defnyddiwch sblintiau pren i ychwanegu'r Vaseline, er mwyn osgoi creu llanastr. Gwnewch yn siŵr mai dim ond swm bach o Vaseline rydych chi'n ei ddefnyddio ar gyfer pob pìn, i'w wneud yn brawf teg.

Arsylwadau

Rhan A

1   Brasluniwch y llwybr mae'r potasiwm manganad(VII) yn ei ddilyn drwy'r dŵr.

Rhan B

2   Cwblhewch y tabl hwn.

Disgrifiad o'r ochr	Tymheredd / °C

Rhan C

3   Cwblhewch y tabl hwn.

Metel	Amser mae'n ei gymryd i'r pìn ddisgyn / s
alwminiwm	
copr	
pres	
haearn	

Casgliadau

Rhan B

4   Pa liw defnydd yw'r un gorau o ran allyrru pelydriad isgoch? ....

5   Pa liw defnydd yw'r un gwaethaf o ran allyrru pelydriad isgoch? ....

Rhan C

6   Pa fetel yw'r un gorau o ran dargludo egni thermol? ....

7   Pa fetel yw'r un gwaethaf o ran dargludo egni thermol? ....

Gwerthuso

8   Mae gan yr arbrawf pelydriad enw drwg am roi canlyniadau anghywir *(inaccurate)*. Sut gallech chi wella'r dull hwn?

....

....

....

Ffiseg

Cwestiynau enghreifftiol

1 Mewn oergell, mae'r elfen oeri wedi'i gosod yn rhan uchaf yr oergell bob amser.

Gan ddefnyddio cysyniad darfudiad, esboniwch pam mai dyma yw'r dyluniad gorau. **[4 AYE]**

....

....

....

....

....

....

2 Mae disgybl yn arllwys dŵr berwedig i mewn i'r ciwb Leslie. Mae'n cymryd darlleniadau tymheredd bob 10 munud ar gyfer pob un o ochrau'r ciwb Leslie. Mae'r canlyniadau i'w gweld yn y tabl hwn.

	Amser / mun							
	0	10	20	30	40	50	60	70
Lliw'r ochr	**Tymheredd / °C**							
Du	80	65	52	43	35	30	25	20
Copr	70	57	45	38	31	27	24	20
Gwyn	65	50	40	33	28	25	23	20
Arian	55	40	33	28	25	23	21	20

a) Plotiwch y canlyniadau hyn ar graff. Ychwanegwch linell ffit orau ar gyfer pob un o'r ochrau. **[4]**

b) Defnyddiwch y graff i ddarganfod y darlleniad tymheredd ar gyfer ochr copr y ciwb ar ôl 15 munud. [1]

....

....

c) Esboniwch pam na fyddech chi'n disgwyl gweld tymheredd pob ochr yn gostwng yn bellach ar ôl 70 munud. [1]

....

....

3 Mae peiriannydd sy'n gweithio i gwmni sosbenni yn ceisio gwella dyluniad cynhyrchion y cwmni. Mae'n trio darganfod a yw newid defnydd metel y sosbenni yn lleihau'r amser mae'n ei gymryd i ddŵr ferwi.
   Mae'r peiriannydd yn dewis pedwar metel gwahanol i'w profi: alwminiwm, copr, dur a sinc.

   a) Rhowch **ddau** newidyn rheolydd. [2]

   ....

   ....

   ....

   ....

   b) Awgrymwch **un** risg gallai'r ymchwiliad hwn ei achosi. Disgrifiwch pa ragofal diogelwch dylai'r peiriannydd ei gymryd. [2]

   ....

   ....

   ....

   ....

   Mae'r tabl hwn yn dangos canlyniadau prawf y peiriannydd.

Metel	Alwminiwm	Copr	Dur	Sinc
Amser mae'n ei gymryd i'r dŵr ferwi / mun	3.0	2.8	3.5	3.7

   c) Cyfrifwch faint yn hirach mae'n ei gymryd i'r dŵr ferwi yn y sosban ddur, o gymharu â'r sosban gopr. Rhowch eich ateb mewn eiliadau. [2]

   ....

   ....

   ....

   ....

   ch) Copr oedd y metel gorau i'w ddefnyddio. Awgrymwch pam efallai na fydd y cwmni eisiau newid dyluniad y sosbenni. [2]

   ....

   ....

   ....

   ....

[Cyfanswm = ... / 18 marc]

Ffiseg

Gwaith Ymarferol Penodol 3: Darganfod dwysedd hylifau a solidau

Mae dwysedd yn ffordd o fesur màs cyfaint penodol o ddefnydd, fel arfer $1\ cm^3$ neu $1\ m^3$. Mae dwysedd yn ein galluogi ni i gymharu màs amrywiol ddefnyddiau â chyfeintiau gwahanol. Er enghraifft, mae llwy ddur yn fwy dwys na bwrdd pren, er bod y bwrdd yn fwy trwm. Yn gyffredinol, mae solidau a hylifau yn fwy dwys na nwyon. Mae gwybod dwysedd gwrthrych yn ffordd dda o ddarganfod o ba ddefnydd mae wedi'i wneud.

Nod

Darganfod dwysedd hylifau a solidau (rheolaidd ac afreolaidd).

Cyfarpar

- O leiaf dau giwb neu giwboid o ddefnydd addas (fel pren)
- O leiaf dau solid â siâp afreolaidd
- Silindr mesur
- Hylif i'w brofi (fel dŵr)
- Clorian màs
- Riwl
- Caliper fernier neu ficromedr

Dull

Rhan A: Darganfod dwysedd solid rheolaidd

Dilynwch y camau hyn ar gyfer pob solid rheolaidd.

1. Rhowch y gwrthrych ar y glorian màs. Cofnodwch y màs hwn yn y tabl canlyniadau yn yr adran **arsylwadau**. Trawsnewidiwch y màs yn gilogramau.
2. Mesurwch hyd tair o ochrau'r gwrthrych a chofnodwch hyd pob ochr yn y tabl canlyniadau. Cofiwch drawsnewid pob hyd o cm i m.
3. Cyfrifwch y cyfaint a'i gofnodi yn y tabl canlyniadau.
4. Cyfrifwch ddwysedd y gwrthrych drwy rannu'r màs gyda'r cyfaint.

Rhan B: Darganfod dwysedd solid afreolaidd

Defnyddiwch y **dechneg dadleoli** i ddarganfod cyfaint pob solid afreolaidd.

1. Rhowch y gwrthrych ar y glorian màs. Cofnodwch y màs hwn yn y tabl canlyniadau yn yr adran **arsylwadau**.
2. Llenwch tua hanner y silindr mesur â dŵr. Cofnodwch gyfaint yr hylif yn y tabl canlyniadau. Cofiwch drawsnewid y cyfaint yn m^3.
3. Rhowch y gwrthrych afreolaidd yn y silindr mesur. Dylai lefel y dŵr godi. Cofnodwch lefel newydd y dŵr yn y tabl canlyniadau.
4. Darganfyddwch y gwahaniaeth rhwng lefel cychwynnol a lefel newydd y dŵr – mae'r gwahaniaeth hwn yn hafal i gyfaint y gwrthrych.
5. Cyfrifwch ddwysedd y gwrthrych drwy rannu'r màs gyda'r cyfaint.

Rhan C: Darganfod dwysedd hylif

1. Rhowch y silindr mesur ar y glorian màs. Cofnodwch y màs hwn yn y tabl canlyniadau yn yr adran **arsylwadau**.
2. Llenwch y silindr â'r hylif. Darllenwch y cyfaint, ei drawsnewid yn m^3, a'i gofnodi yn y tabl canlyniadau.
3. Defnyddiwch y glorian màs i ddarganfod màs y silindr mesur yn llawn hylif. Cofnodwch y màs hwn yn y tabl canlyniadau. Gwnewch yn siŵr eich bod chi'n trawsnewid y màs yn gilogramau os oes angen.
4. Darganfyddwch beth yw màs yr hylif drwy dynnu màs y silindr mesur gwag o fàs y silindr mesur yn llawn hylif.
5. Cyfrifwch ddwysedd yr hylif drwy rannu màs yr hylif gyda'r cyfaint.

Mae rhagor o wybodaeth ar gael yng ngwerslyfr **CBAC TGAU Ffiseg** ar y tudalennau hyn:

- 46: Enghreifftiau wedi'u datrys
- 47–48: Mesur dwysedd solidau a hylifau

Term allweddol

Techneg dadleoli: techneg sy'n canfod cyfaint gwrthrych drwy fesur cyfaint y dŵr sy'n cael ei ddadleoli (ei wthio i fyny neu ei symud) gan y gwrthrych.

Hafaliadau allweddol

$$dwysedd = \frac{màs}{cyfaint} \quad neu \quad \rho = \frac{m}{V}$$

lle

ρ yw dwysedd y gwrthrych, mewn kg/m^3

m yw màs y gwrthrych, mewn kg

V yw cyfaint y gwrthrych, mewn m^3

$$cyfaint = hyd \times lled \times uchder$$

Iechyd a diogelwch

Gwisgwch gyfarpar amddiffyn y llygaid a byddwch yn ofalus wrth ddefnyddio dŵr – mae gollwng dŵr ar y llawr yn gallu achosi risgiau llithro.

Cyfleoedd mathemateg

- Defnyddio nifer priodol o ffigurau ystyrlon
- Mesur hyd a chyfaint
- Lluosi a rhannu
- Cyfrifo cyfaint ciwb

Awgrym

Wrth drin dŵr, gwnewch yn siŵr eich bod chi'n mesur màs y gwrthrych pan mae'n sych. Efallai bydd angen tywelion papur neu rywbeth tebyg i sychu'r gwrthrychau.

Awgrym

$1\ kg = 1000\ g$, felly i drawsnewid gramau yn gilogramau mae angen rhannu â 1000.

$1\ m = 100\ cm$, felly i drawsnewid centimetrau yn fetrau mae angen rhannu â 100.

Mae'n bosibl y bydd ml i'w weld ar raddfa'r silindr mesur.

$1\ ml = 1\ cm^3$

$1\,000\,000\ cm^3 = 1\ m^3$, felly i drawsnewid cm^3 yn m^3, mae angen rhannu â $1\,000\,000$.

Arsylwadau

Rhan A

1 Cwblhewch y tabl hwn.

Gwrthrych	Màs / kg	Hyd / m	Lled / m	Dyfnder / m	Cyfaint / m³	Dwysedd / kg/m³

Rhan B

2 Cwblhewch y tabl hwn.

Gwrthrych	Màs / kg	Cyfaint cychwynnol y dŵr / cm³	Cyfaint terfynol y dŵr / cm³	Cyfaint y dŵr wedi'i ddadleoli / cm³	Cyfaint y gwrthrych / m³	Dwysedd / kg/m³

Rhan C

3 Cwblhewch y tabl hwn.

Gwrthrych	Màs y silindr / kg	Màs y silindr + hylif / kg	Màs yr hylif / kg	Cyfaint yr hylif / m³	Dwysedd / kg/m³

Casgliad

4 Dychmygwch eich bod chi wedi defnyddio un o'r dulliau uchod i ddarganfod dwysedd dau floc dur. Mae cyfaint un bloc ddwywaith yn fwy na chyfaint y bloc arall. Sut byddai'r ddau ganlyniad yn wahanol i'w gilydd, a pham?

....

....

....

Gwerthuso

5 Mae dwysedd dŵr yn 1000 kg/m³. Sut mae eich gwerth chi'n cymharu â hyn? Awgrymwch reswm dros unrhyw wahaniaethau.

....

....

....

6 Awgrymwch sut gallech chi sicrhau bod eich gwerth ar gyfer dwysedd solid rheolaidd yn fanwl gywir.

....

....

Cwestiynau enghreifftiol

1 Mae disgybl yn dod o hyd i giwb metel ac mae eisiau gwybod o ba ddefnydd mae wedi'i wneud. Mae'n mesur hyd pob ochr a màs y ciwb.

Gan ddefnyddio mesuriadau'r disgybl a'r tabl isod, enwch y metel hwn. [4]

hyd ochr y ciwb = 1.5 cm; màs y ciwb = 24 g

Sylwedd	Antimoni	Sinc	Haearn	Copr	Aur
Dwysedd / kg/m³	6700	7100	7900	8900	19300

....

....

....

....

....

....

Math o fetel: ....

2 Mae disgybl yn sylwi bod wy yn suddo mewn dŵr pur. Mae'n cynnal arbrawf i ddarganfod dwysedd yr wy. Mae'r disgybl yn mesur 1000 cm³ o ddŵr pur i mewn i ficer mawr. Mae'n ychwanegu 10 g o halen at y dŵr ac yn ei droi nes bod yr halen yn hydoddi. (Mae hydoddi halen yn y dŵr yn cynyddu màs y dŵr hallt heb effeithio ar ei gyfaint.) Yna mae'r disgybl yn ychwanegu'r wy. Mae'r tabl yn dangos y canlyniadau.

Màs yr halen wedi'i hydoddi / g	0.0	10.0	20.0	30.0	40.0	50.0	60.0
Suddo neu arnofio?	suddo	suddo	suddo	suddo	arnofio	arnofio	arnofio

a) Disgrifiwch beth sy'n digwydd i ddwysedd y dŵr hallt wrth i fwy o halen gael ei ychwanegu. [1]

....

....

b) Cyfrifwch fàs y dŵr mae'r disgybl yn ei ddefnyddio yn yr arbrawf. Dwysedd dŵr pur = 1 g/cm³ [3]

....

....

....

....

c) Er mwyn i ddwysedd y dŵr hallt a'r wy fod yn hafal, màs gwirioneddol yr halen mae angen ei hydoddi yw 31 g.

Cyfrifwch ddwysedd gwirioneddol yr wy. [3]

....

....

....

....

Hafaliadau allweddol x+y=z

$$\text{dwysedd y dŵr hallt} = \frac{\text{màs y dŵr} + \text{màs yr halen}}{\text{cyfaint y dŵr hallt}}$$

Awgrym

Os yw'n dal yn bosibl hydoddi'r halen, mae cyfaint y dŵr = cyfaint y dŵr hallt.

[Cyfanswm = ... / 11 marc]

Gwaith Ymarferol Penodol 4: Ymchwilio i fuanedd tonnau dŵr

Dirgryniad ailadroddus yw ton, sy'n trosglwyddo egni ond nid mater. Er bod y gronynnau sy'n trawsyrru'r don yn symud i fyny ac i lawr neu o ochr i ochr, maen nhw'n mynd yn ôl i'w safle gwreiddiol ar ôl trosglwyddo'r egni. Mae tonnau'n hanfodol i fywyd yn y byd modern gan fod pob darn o wybodaeth yn cael ei drosglwyddo gan donnau ar ryw ffurf. Heb donnau, fydden ni ddim yn gallu cyfathrebu.

Mae buanedd ton ddŵr yn dibynnu ar ddyfnder y dŵr a chryfder y maes disgyrchiant. Ar gyfer y gwaith ymarferol hwn, byddwch chi'n amrywio dyfnder y dŵr ac yn mesur yr effaith ar fuanedd y don.

Nod

Ymchwilio i fuanedd tonnau dŵr.

Cyfarpar

- Blwch siâp petryal
- Stopwatsh
- Riwl
- Bicer
- Dŵr

Dull

1 Mesurwch hyd y blwch a'i gofnodi yn y tabl canlyniadau isod. Cydosodwch y cyfarpar fel sydd i'w weld yn y diagram.

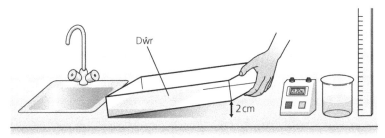

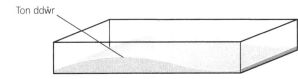

2 Llenwch y blwch â dŵr hyd at ddyfnder o tua 0.5 cm.
3 Codwch y blwch ar un pen tua 2 cm. Gollyngwch y blwch i greu ton.
4 Bydd y don yn cael ei hadlewyrchu oddi ar ben pellaf y blwch. Amserwch a chofnodwch pa mor hir mae'n ei gymryd i'r don deithio hyd cyfan y blwch bedair gwaith.
5 Ailadroddwch gamau 3–4 ddwywaith eto.
6 Ailadroddwch gamau 2–5, gan gynyddu dyfnder y dŵr 0.5 cm bob tro, hyd at 3.0 cm.

Mae rhagor o wybodaeth ar gael yng ngwerslyfr **CBAC TGAU Ffiseg** ar y tudalennau hyn:

- 78–79: Mesur buanedd tonnau
- 80: Yr hafaliad ton

Iechyd a diogelwch

Byddwch yn ofalus wrth ddefnyddio dŵr yn agos at gyfarpar trydanol. Sychwch unrhyw ddŵr rydych chi'n ei ollwng cyn gynted â phosibl er mwyn atal llithro a disgyn.

Hafaliad allweddol

$$v = \frac{d}{t}$$

lle

v yw buanedd ton, m/s
d yw'r pellter teithio, m
t yw'r amser mae'n ei gymryd, s

Cyfleoedd mathemateg

- Amnewid gwerthoedd rhifiadol mewn hafaliadau algebraidd gan ddefnyddio unedau priodol ar gyfer meintiau ffisegol
- Canfod cymedr rhifyddol
- Newid testun hafaliad
- Deall bod $y = mx + c$ yn cynrychioli perthynas linol
- Plotio dau newidyn o ddata arbrofol neu ddata eraill

Nodyn

Dydy pa mor uchel rydych chi'n codi'r blwch cyn ei ollwng ddim yn effeithio ar fuanedd y don, ond bydd yn effeithio ar osgled y tonnau.

Dyfnder y dŵr / cm	Hyd y blwch / cm	Amser mae'n ei gymryd i'r tonnau deithio hyd cyfan y blwch bedair gwaith / s			Cymedr	Buanedd cymedrig / cm/s
		Arbrawf 1	Arbrawf 2	Arbrawf 3		

Arsylwadau

1 Plotiwch graff sy'n dangos *Buanedd cymedrig* (echelin-*y*) yn erbyn *Dyfnder y dŵr* (echelin-*x*). Lluniadwch gromlin ffit orau sy'n llyfn.

Casgliadau

2 Pa batrwm gallwch chi ei weld yn eich canlyniadau?

....

....

....

Gwerthuso

3 Nodwch y cyfeiliornad systematig sydd o bosibl yn gysylltiedig â'r arbrawf.

....

4 Pa fesuriad yw'r un â'r mwyaf o ansicrwydd?

....

....

5 Pam mae'n bwysig sicrhau bod eich blwch ar arwyneb gwastad os ydych chi'n ymchwilio i effaith dyfnder dŵr ar fuanedd ton?

....

....

....

Cwestiynau enghreifftiol

1   Mae disgybl yn taro hytrawst haearn â morthwyl. Hyd yr hytrawst yw 0.8 m. Cyfnod amser y dirgryniad drwy'r metel yw 0.31 ms. Tonfedd y dirgryniad yw 1.6 m.

a) Beth yw amledd y don? Rhowch uned briodol.   [3]

....

....

....

b) Mae'r disgybl yn dweud bod buanedd y dirgryniad drwy'r hytrawst haearn tua 5200 m/s.
    Penderfynwch a yw'r disgybl yn gywir.   [2]

....

....

....

c) Cyfrifwch pa mor hir byddai'n ei gymryd i'r dirgryniad gyrraedd pen arall yr hytrawst.   [3]

....

....

....

2   Mae tŵr ffonau symudol yn defnyddio tonnau radio i gyfathrebu â lloeren geosefydlog.
    Mae'r graff hwn yn dangos pwls sy'n cael ei anfon allan gan y tŵr, a phwls wedi'i adlewyrchu, R, sy'n cael ei dderbyn gan y tŵr.
    Mae pob rhaniad ar yr echelin lorweddol yn cynrychioli 48 ms.

a) Cyfrifwch yr amser rhwng y pwls sy'n cael ei drawsyrru, T, a'r pwls wedi'i adlewyrchu, R.   [1]

....

....

(HU) b) Buanedd tonnau radio yw 3×10^8 m/s.

    Pa mor bell uwchben y tŵr yw'r lloeren?   [3]

....

....

....

[Cyfanswm = ... / 12 marc]

Ffiseg

Gwaith Ymarferol Penodol 5: Darganfod cynhwysedd gwres sbesiffig

Ar gyfer y gwaith ymarferol hwn, byddwch chi'n darganfod cynhwysedd gwres sbesiffig copr, neu fetel arall, gan ddefnyddio gwresogydd trydanol. Bydd swm o egni mae'n bosibl ei gyfrifo yn cael ei gyflenwi i'r bloc copr, gan achosi i'w dymheredd gynyddu. Cynhwysedd gwres sbesiffig defnydd yw'r egni sydd ei angen er mwyn i dymheredd 1 kg o'r defnydd gynyddu 1 °C.

Mae'n cael ei ddiffinio gan yr hafaliad:

$Q = mc\Delta\theta$

lle

Q yw'r egni sy'n cael ei gyflenwi mewn jouleau, J

m yw màs y sampl mewn cilogramau, kg

c yw cynhwysedd gwres sbesiffig y defnydd, mewn J/kg °C

$\Delta\theta$ yw'r newid yn nhymheredd y sampl, °C

Nod

Darganfod cynhwysedd gwres sbesiffig defnydd.

Cyfarpar

- Bloc copr (neu fetel arall) â dau dwll ynddo
- Daliwr ynysol i'r bloc (neu ynysydd bloc)
- Mat gwrth-wres
- Thermomedr
- Stopwatsh
- Clorian màs

- Cyflenwad pŵer 12 V
- Gwresogydd troch
- Jeli petroliwm
- Foltmedr
- Amedr
- Gwifrau cysylltu

Mae rhagor o wybodaeth ar gael yng ngwerslyfr **CBAC TGAU Ffiseg** ar y tudalennau hyn:

- 118: Cynhwysedd gwres sbesiffig

Iechyd a diogelwch

Bydd y gwresogydd troch yn mynd yn boeth iawn, a'r bloc copr hefyd pan mae'n cael ei wresogi. Byddwch yn ofalus iawn wrth drin y rhain; arhoswch nes eu bod nhw wedi oeri cyn datgysylltu'r cyfarpar.

Hafaliadau allweddol

pŵer (W) = foltedd (V) × cerrynt (A)

$$\frac{\text{egni sy'n cael ei}}{\text{drosglwyddo (J)}} = \text{pŵer (W)} \times \text{amser (s)}$$

$Q = mc\Delta\theta$

Awgrym

Mae rhoi ychydig bach o jeli petroliwm ar y thermomedr yn gwella'r cysylltiad â'r bloc copr ar gyfer dargludiad thermol.

Cyfleoedd mathemateg

- Defnyddio rhagddodiaid a phwerau o ddeg ar gyfer trefn maint
- Defnyddio nifer priodol o ffigurau ystyrlon
- Newid testun hafaliad
- Amnewid gwerthoedd rhifiadol mewn hafaliadau algebraidd gan ddefnyddio unedau priodol ar gyfer meintiau ffisegol
- Plotio dau newidyn o ddata arbrofol neu ddata eraill

Dull

1 Defnyddiwch y glorian màs i ddarganfod màs y bloc copr, mewn cilogramau.

2 Rhowch y thermomedr yn y twll lleiaf yn y bloc copr. Mesurwch y tymheredd cychwynnol.

3 Rhowch y bloc copr mewn daliwr ynysol a'i roi ar fat gwrth-wres.

4 Defnyddiwch y jeli petroliwm er mwyn iro yr elfen wresogi drydanol a'i rhoi yn y twll mwyaf yn y bloc copr.

5 Cysylltwch y gwresogydd trydanol â'r cyflenwad pŵer. Ychwanegwch yr amedr a'r foltmedr at y gylched, fel sydd i'w weld yn y diagram.

6 Trowch y cyflenwad pŵer ymlaen a dechreuwch y stopwatsh. Defnyddiwch y foltmedr a'r amedr i fesur y foltedd a'r cerrynt yn y gylched wresogi, a chofnodwch y gwerthoedd hyn yn yr adran **arsylwadau**.

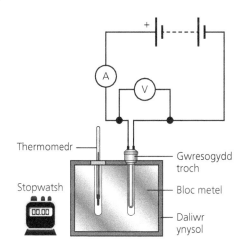

7 Arhoswch i dymheredd y bloc copr gynyddu 20–30 °C.

8 Diffoddwch y cyflenwad pŵer a stopiwch y stopwatsh. Cofnodwch yr amser.

9 Arhoswch nes bod y tymheredd ar y thermomedr yn stopio cynyddu. Cofnodwch dymheredd terfynol y bloc copr.

10 Gadewch i'r arbrawf oeri cyn i chi roi'r cyfarpar heibio, neu ailadroddwch yr arbrawf, naill ai am gyfnod gwresogi hirach neu gan ddefnyddio metel gwahanol.

Awgrym

Mae'n bwysig aros i'r tymheredd stopio cynyddu cyn cofnodi'r tymheredd terfynol. Fel arall, ni fydd eich canlyniadau yn cynnwys yr holl egni sy'n cael ei drosglwyddo i'r bloc.

Arsylwadau

1 Cwblhewch y tabl hwn drwy nodi eich canlyniadau.

Màs y bloc / kg	
Tymheredd cychwynnol y bloc / °C	
Tymheredd terfynol y bloc / °C	
Newid yn nhymheredd y bloc / °C	
Am faint o amser mae'r gwresogydd trydanol ymlaen / s	
Cerrynt sy'n rhedeg drwy'r gylched wresogi / A	
Foltedd ar draws y gwresogydd trydanol / V	

2 Cyfrifwch bŵer eich gwresogydd trydanol, mewn W, gan ddefnyddio'r hafaliad $P = I \times V$.

....

....

....

3 Cyfrifwch yr egni sy'n cael ei gyflenwi i'r bloc copr, mewn J, gan ddefnyddio'r hafaliad $E = P \times t$.

....

....

....

4 Cyfrifwch gynhwysedd gwres sbesiffig y bloc copr, mewn J/kg °C, gan ddefnyddio'r hafaliad $Q = mc\Delta\theta$.

....

....

....

Gwerthuso

5 Cynhwysedd gwres sbesiffig copr yw tua 385 J/kg °C.

Pa mor agos yw eich gwerth chi at y ffigur hwn? Beth allai fod yn gyfrifol am y gwahaniaeth?

....

....

....

Cwestiynau enghreifftiol

1 a) Nodwch beth yw ystyr y term *egni mewnol*. [1]

....

....

b) Disgrifiwch sut mae mudiant y moleciwlau mewn solid yn newid pan mae'r solid yn cael ei wresogi. [2]

....

....

2 Mae balŵn dŵr, sy'n cynnwys 0.40 kg o ddŵr ar 20 °C, yn cael ei roi mewn rhewgell. Mae tymheredd y dŵr yn gostwng i 0 °C mewn 20 munud.

Cynhwysedd gwres sbesiffig dŵr yw 4200 J/kg °C.

a) Cyfrifwch yr egni mae'r dŵr yn ei golli wrth iddo oeri i 0 °C. [2]

....

....

b) Cyfrifwch y gyfradd gyfartalog mae'r dŵr yn colli egni, mewn J/s. [1]

....

3 Mae gwresogydd trydanol yn cael ei ddefnyddio i wresogi bloc 3.0 kg o fetel anhysbys sydd wedi'i ynysu'n dda. Mae tymheredd y bloc hwn yn cael ei fesur yn rheolaidd, fel sydd i'w weld yn y tabl isod.

Tymheredd / °C	20.6	23.5	27.4	30.5	33.6	37.4
Amser / s	0	60	120	180	240	300
Gwaith sy'n cael ei wneud / kJ	0					15

a) Pŵer y gwresogydd trydanol yw 50 W. Cwblhewch y tabl. [4]

b) Plotiwch graff sy'n dangos *Tymheredd* (echelin-*y*) yn erbyn *Gwaith sy'n cael ei wneud* (echelin-*x*). [4]

c) Gan ddefnyddio graddiant eich graff, neu fel arall, darganfyddwch werth ar gyfer cynhwysedd gwres sbesiffig y metel anhysbys. [3]

Ar gyfer eich graff, $\dfrac{1}{\text{graddiant}} = \text{màs} \times \text{cynhwysedd gwres sbesiffig}$

....

....

....

4   cynhwysedd gwres sbesiffig dŵr = 4200 J/kg °C
    cynhwysedd gwres sbesiffig copr = 385 J/kg °C

a) Cyfrifwch yr egni sydd ei angen i wresogi sosban gopr, màs 0.40 kg, o 20 °C i 100 °C. [2]

....

....

b) Cyfrifwch yr egni sydd ei angen i wresogi 1.25 kg o ddŵr o 20 °C i 100 °C. [2]

....

....

....

[Cyfanswm = ... / 21 marc]

Ffiseg

Gwaith Ymarferol Penodol 6: Ymchwilio i allbwn newidydd â chraidd haearn

Yn aml, mae angen cynyddu neu leihau'r foltedd ar draws cyflenwadau pŵer **cerrynt eiledol** er mwyn gallu ei drosglwyddo mewn ffordd fwy defnyddiol. Er enghraifft, o'r prif gyflenwad 230V, dim ond tua 5V sydd ei angen i wefru ffôn symudol. Mae plwg y gwefrwr yn cynnwys **newidydd** sy'n lleihau'r foltedd i'r lefel briodol. Byddai newidydd delfrydol yn gwneud hyn heb golli egni o gwbl, ond mewn gwirionedd mae newidyddion yn colli rhywfaint o egni. Mae newidyddion yn gweithio drwy gyfrwng **anwythiad electromagnetig**. Mae'r cerrynt mewnbwn yn mynd drwy goil gwifren, gan greu maes magnetig eiledol. Yna, mae'r maes magnetig eiledol hwn yn mynd drwy goil gwifren eilaidd, sy'n anwytho foltedd eiledol ar draws y coil eilaidd. Mae maint y foltedd anwythol yn gysylltiedig â nifer y troadau ar y coil cynradd, nifer y troadau ar y coil eilaidd, a'r foltedd mewnbwn.

Hafaliad allweddol
x+y=z

Ar gyfer newidydd 100% effeithlon
$$\frac{V_1}{V_2} = \frac{N_1}{N_2}$$ lle

V_1 yw'r foltedd mewnbwn i'r coil cynradd

V_2 yw'r foltedd allbwn o'r coil eilaidd

N_1 yw nifer y troadau ar y coil cynradd

N_2 yw nifer y troadau ar y coil eilaidd.

Nod
Ymchwilio i allbwn newidydd â chraidd haearn.

Cyfarpar
- 2 × gwifren wedi'i gorchuddio â phlastig (hyd tua 1.5 m)
- Cyflenwad pŵer C.E. foltedd isel
- 2 × foltmedr C.E. (neu amlfesuryddion)
- 4 × clip crocodeil
- 6 × gwifren cysylltu 4 mm
- 2 × craidd-C haearn

Dull
1 Lapiwch un o'r gwifrau wedi'i gorchuddio â phlastig o amgylch un o'r creiddiau-C 60 gwaith. Dyma'r coil cynradd.
2 Lapiwch y wifren arall wedi'i gorchuddio â phlastig o amgylch y craidd-C arall 20 gwaith. Dyma'r coil eilaidd. Cofnodwch nifer y troadau ar y ddau goil yn y tabl canlyniadau yn yr adran **arsylwadau**.
3 Cysylltwch y cyfarpar fel sydd i'w weld yn y diagram. Peidiwch â'i droi ymlaen nes eich bod chi'n barod i gymryd mesuriadau. Gwnewch yn siŵr bod y coil cynradd (60 troad) wedi'i gysylltu â'r cyflenwad pŵer. Dylai fod wedi'i osod fel cyflenwad c.e. sydd ddim yn fwy na 4V.

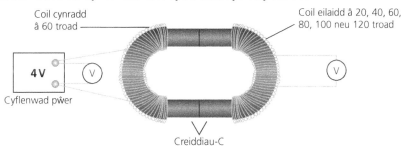

Coil cynradd â 60 troad

Coil eilaidd â 20, 40, 60, 80, 100 neu 120 troad

4 V

Cyflenwad pŵer

Creiddiau-C

4 Mesurwch a chofnodwch y foltedd allbwn yn y tabl canlyniadau. Diffoddwch y cyfarpar.
5 Ailadroddwch y mesuriadau gan ddefnyddio coil eilaidd â 40, 60, 80, 100 a 120 troad. Dylech gadw 60 troad ar y coil cynradd.

Mae rhagor o wybodaeth ar gael yng ngwerslyfr **CBAC TGAU Ffiseg** ar y tudalennau hyn:

- 126: Y maes magnetig o amgylch solenoid sy'n cludo cerrynt
- 132–133: Anwythiad electromagnetig
- 135–136: Newidyddion

Termau allweddol

Cerrynt eiledol (c.e.): cerrynt sy'n newid cyfeiriad yn gyson.

Newidydd: dyfais sy'n cynyddu (codi) neu'n lleihau (gostwng) y foltedd sy'n cael ei gyflenwi iddi.

Anwythiad electromagnetig: foltedd yn cael ei anwytho pan mae'r maes magnetig o amgylch gwifren yn newid.

Iechyd a diogelwch

Mae gwifrau yn gallu mynd yn boeth iawn ac yn gallu achosi llosgiadau. I leihau'r posibilrwydd y bydd hyn yn digwydd, defnyddiwch gyflenwad pŵer foltedd isel. Peidiwch â defnyddio foltedd mewnbwn sy'n fwy na 4V. Diffoddwch y cyflenwad pŵer rhwng darlleniadau a gadewch i'r coiliau oeri cyn eu trin nhw.

Cyfleoedd mathemateg $\sqrt{2^3+1}$

- Defnyddio cymarebau
- Amnewid gwerthoedd mewn hafaliad
- Newid testun hafaliad
- Cyfrifo'r cymedr
- Plotio dau newidyn o ddata arbrofol

Nodyn

Os yw'r gwifrau sydd wedi'u gorchuddio â phlastig yn rhy fyr, fyddwch chi ddim yn gallu cyrraedd nifer y troadau o amgylch y craidd-C sydd wedi'i nodi yn y dull. Fodd bynnag, mae'n bosibl gwneud y gwaith ymarferol gan ddefnyddio llai o droadau. Gofynnwch i'ch athro am arweiniad.

Arsylwadau

1 Cofnodwch eich arsylwadau yn y tabl canlyniadau hwn.

Nifer y troadau ar y coil cynradd (N_1)	Nifer y troadau ar y coil eilaidd (N_2)	Foltedd cynradd (V_1) / V	Foltedd eilaidd (V_2) / V

2 a) Pa fath o graff fyddai'r math gorau i ddangos y berthynas rhwng nifer y troadau ar y coil eilaidd a'r foltedd allbwn o'r coil eilaidd? Rhowch reswm dros eich ateb.

....

....

....

b) Lluniadwch graff yn seiliedig ar eich canlyniadau.

Casgliadau

3 Esboniwch y berthynas rhwng nifer y troadau ar y coil eilaidd a'r foltedd allbwn o'r newidydd.

....

....

....

....

> **Awgrym** 💡
>
> I'ch helpu chi i esbonio'r berthynas hon, gallwch chi ddefnyddio'r hafaliad newidydd. Os nad yw'r berthynas rydych chi'n ei nodi yr un fath â'r berthynas mae'r hafaliad yn ei rhagfynegi, ceisiwch ddarganfod pam.

4 Esboniwch sut rydych chi'n meddwl y byddai eich canlyniadau'n wahanol:

a) pe baech chi'n dyblu'r foltedd mewnbwn: ....

....

....

b) pe baech chi'n cynyddu nifer y troadau ar y coil cynradd: ....

....

....

Gwerthuso

5 Awgrymwch pam nad oedd eich newidydd yn 100% effeithlon. Esboniwch sut byddai'n bosibl gwella'r effeithlonrwydd.

....

....

....

....

6 Mewn newidydd delfrydol, pan fydd nifer y troadau ar y coil eilaidd yn fwy na nifer y troadau ar y coil cynradd, mae'r foltedd allbwn yn fwy na'r foltedd mewnbwn.

a) Ad-drefnwch yr hafaliad $\frac{V_1}{V_2} = \frac{N_1}{N_2}$ er mwyn gwneud V_2 yn destun yr hafaliad.

....

....

....

....

b) Defnyddiwch yr hafaliad i gyfrifo beth dylai V_2 fod ar gyfer un o'ch canlyniadau.

....

....

....

....

c) Awgrymwch pam mae'r canlyniad rydych chi wedi'i ddewis yn rhoi foltedd allbwn sy'n is na'r foltedd mae'r hafaliad yn awgrymu y dylai ei roi.

....

....

....

....

Cwestiynau enghreifftiol

1   Mae athro yn cydosod newidydd fel sydd i'w weld yn y diagram.

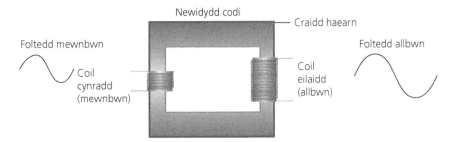

Mae'r athro yn newid y foltedd mewnbwn ac yn cofnodi'r foltedd allbwn. Mae'r canlyniadau i'w gweld yn y tabl.

Foltedd mewnbwn / V	Foltedd allbwn / V		
	Darlleniad 1	Darlleniad 2	Cymedr
0	0.6	0.6	
2	8.1	8.3	
4	15.7	15.9	
6	23.4	23.4	
8	31.2	31.2	

a) Mae pob un o ddarlleniadau'r foltmedr allbwn yn cynnwys cyfeiliornad. Esboniwch pa fath o gyfeiliornad sydd i'w weld, a sut dylech chi ei gywiro.   [2]

....

....

....

b) Cyfrifwch y gwerthoedd cymedrig wedi'u cywiro a chwblhewch y golofn olaf yn y tabl canlyniadau.   [5]

c) Defnyddiwch ganlyniad y foltedd mewnbwn 6 V i gyfrifo cymhareb foltedd mewnbwn i foltedd allbwn.   [2]

....

....

....

Cymhareb = ...

ch) Mae 15 troad ar y coil cynradd. Defnyddiwch ganlyniadau'r foltedd mewnbwn 6 V i gyfrifo nifer y troadau ar y coil eilaidd.   [3]

....

....

....

....

....

Nifer y troadau ar y coil eilaidd = ...

[Cyfanswm = ... / 12 marc]

Ffiseg

Gwaith Ymarferol Penodol 7: Ymchwilio i fuanedd terfynol

Pan mae gwrthrych yn disgyn drwy hylif neu nwy, mae'n cyflymu nes ei fod yn cyrraedd **buanedd terfynol**. Mae'r effaith hon yn digwydd oherwydd bod grym llusgiad yn gweithredu yn erbyn grym pwysau. Wrth i fuanedd y gwrthrych gynyddu, mae maint y llusgiad hefyd yn cynyddu nes bod y llusgiad yr un maint â'r pwysau ond i'r cyfeiriad dirgroes. Oherwydd hyn, mae'r **cyflymiad** yn stopio cynyddu. Mae'r llusgiad sy'n gweithredu ar wrthrych yn dibynnu ar arwynebedd arwyneb y gwrthrych a'i fuanedd wrth deithio drwy'r llifydd. Mae gwyddonwyr yn defnyddio'r syniadau hyn i wneud i gerbydau gofod, awyrennau a cheir symud drwy'r aer yn fwy effeithlon, a hefyd i arafu pethau.

Nod

Ymchwilio i fuanedd terfynol gwrthrych sy'n disgyn.

Cyfarpar

- O leiaf 5 cas cacennau papur
- 2 × riwl fetr
- Stand clamp, cnap a chlamp
- Stopwatsh
- Pwyntydd (fel pensil)
- Clorian màs

Dull

1 Cydosodwch y cyfarpar fel sydd i'w weld. Gwnewch yn siŵr bod uchder addas rhwng y pwyntydd a'r llawr. Cofnodwch y pellter hwn yn y tabl canlyniadau yn yr adran **arsylwadau**.

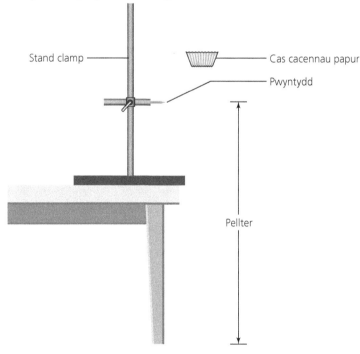

2 Defnyddiwch y glorian màs i fesur màs 1 cas cacennau. Cofnodwch y màs hwn yn y tabl canlyniadau.
3 Gollyngwch y cas cacennau papur o uchder sydd tua 20–30 cm uwchben y pwyntydd.
4 Mesurwch yr amser mae'n ei gymryd i'r cas cacennau papur deithio o uchder y pwyntydd i'r llawr. Cofnodwch yr amser hwn yn y tabl canlyniadau.
5 Ailadroddwch gamau 3 a 4 ddwywaith eto.
6 Ailadroddwch gamau 3–5, gan ychwanegu un cas cacennau at y pentwr bob tro nes eich bod chi'n cyrraedd cyfanswm o 6 cas.
7 Cyfrifwch werth ar gyfer y buanedd terfynol gan ddefnyddio'r hafaliad priodol, a chwblhewch y golofn olaf yn y tabl canlyniadau.

Mae rhagor o wybodaeth ar gael yng ngwerslyfr **CBAC TGAU Ffiseg** ar y tudalennau hyn:

- 144–145: Mesur buaneddau
- 151–152: Graffiau cyflymder–amser
- 170–171: Buanedd terfynol

Termau allweddol

Buanedd terfynol: y buanedd uchaf posibl mae gwrthrych yn gallu disgyn drwy hylif neu nwy; mae hyn yn digwydd pan mae'r llusgiad yn hafal i'r pwysau.

Cyflymiad: cyfradd newid cyflymder.

Cyflymder: cyflymder gwrthrych yw ei fuanedd i gyfeiriad penodol; er enghraifft, 3 m/s i'r chwith.

Nodyn

Rydyn ni'n defnyddio casys cacennau papur ar gyfer y gwaith ymarferol hwn oherwydd bod màs pob cas yn fach ond mae ei arwynebedd arwyneb yn gymharol fawr. Oherwydd hyn, maen nhw'n cyrraedd eu buanedd terfynol ar ôl disgyn pellter byr.

Iechyd a diogelwch

Byddwch yn ofalus os ydych chi'n gollwng eich casys o safle uchel. Gwnewch yn siŵr eich bod chi'n gwneud hyn yn ofalus i osgoi'r risg o ddisgyn. Dilynwch unrhyw ganllawiau penodol gan eich athro.

Cyfleoedd mathemateg $\sqrt{2^3+1}$

- Defnyddio nifer priodol o ffigurau ystyrlon
- Canfod cymedr rhifyddol
- Defnyddio diagram gwasgariad i adnabod cydberthyniad rhwng dau newidyn
- Plotio dau newidyn o ddata arbrofol neu ddata eraill

Hafaliadau allweddol

$$\text{buanedd} = \frac{\text{pellter teithio}}{\text{amser mae'n ei gymryd}}$$

$$\text{cyflymiad} = \frac{\text{newid mewn cyflymder}}{\text{amser mae'n ei gymryd}}$$

Awgrym

Bydd gollwng y cas cacennau papur o safle llawer uwch na'r pwyntydd yn sicrhau ei fod yn teithio ar ei fuanedd terfynol erbyn iddo gyrraedd y pwyntydd.

Arsylwadau

1 Cwblhewch y tabl canlyniadau hwn.

Pellter rhwng y pwyntydd a'r llawr = _____ m						
Nifer y casys cacennau	Màs y casys cacennau / g	Amser mae'n ei gymryd i ddisgyn / s				Buanedd terfynol / m/s
		Arbrawf 1	Arbrawf 2	Arbrawf 3	Cymedr	
1						
2						
3						
4						
5						
6						

2 Plotiwch graff sy'n dangos *Màs y casys cacennau* (echelin-*x*) yn erbyn *Buanedd terfynol* (echelin-*y*). Lluniadwch linell ffit orau addas.

Casgliadau

3 Beth sy'n digwydd i'r buanedd terfynol wrth i chi gynyddu màs y casys cacennau?

....

....

Gwerthuso

4 Byddai'n bosibl defnyddio set o adwyon golau gyda chofnodydd data i ddarganfod buanedd y casys cacennau. Beth yw manteision defnyddio'r dull hwn o'i gymharu â'r dull rydych chi wedi'i ddefnyddio uchod?

....

....

....

Ffiseg

Cwestiynau enghreifftiol

1 Mae plymiwr awyr yn neidio allan o awyren. Mae'r graff cyflymder–amser isod yn dangos sut mae cyflymder y plymiwr awyr yn newid wrth iddo ddisgyn.

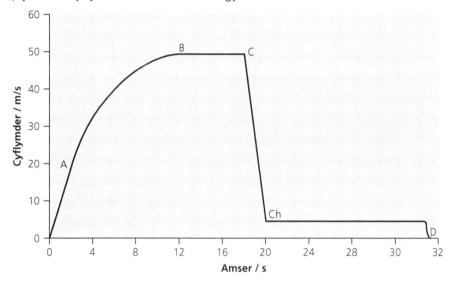

a) Nodwch ddau rym sy'n gweithredu ar y plymiwr awyr. [2]

....

....

b) Disgrifiwch fudiant y plymiwr awyr ar bwyntiau A–D, gan gyfeirio at y grymoedd sy'n gweithredu arno. [6 AYE]

....

....

....

....

....

....

....

....

c) Darganfyddwch y buaneddau terfynol mae'r plymiwr awyr yn eu cyrraedd cyn ac ar ôl agor y parasiwt. [2]

Cyn: ....

Ar ôl: ....

2 Fe wnaeth Galileo gynnal arbrawf o ben Tŵr Pisa i ddangos bod gwrthrychau â masau gwahanol yn disgyn ar yr un gyfradd.

a) Rhowch ddau newidyn rheolydd ar gyfer yr arbrawf hwn. [2]

....

....

b) Yn ystod taith Apollo 15 i'r gofod, fe wnaeth un gofodwr gynnal arbrawf drwy ollwng morthwyl a phluen ar y Lleuad. Fe wnaeth y morthwyl a'r bluen gyrraedd y llawr ar yr un pryd.
Esboniwch pam **na** fyddai hyn yn digwydd ar y Ddaear. [2]

....

....

c) Esboniwch ai'r morthwyl neu'r bluen fyddai'n taro'r llawr â'r buanedd terfynol mwyaf ar y Ddaear. [2]

....

....

3 Mae'r diagram hwn yn dangos y grymoedd llorweddol sy'n gweithredu ar gar.

a) Pa un o'r gosodiadau hyn sy'n disgrifio mudiant y car? [1]

Arafu

Llonydd

Ar fuanedd cyson

Cyflymu

1000 N →   ← 640 N

b) Yn ystod rhan o'r daith, mae'r car yn cyflymu o 5 m/s i 15 m/s mewn 5 s.

Cyfrifwch gyflymiad y car. [2]

....

....

Cyflymiad = ... m/s^2

c) Gan ddefnyddio eich ateb i ran b), cyfrifwch y grym cydeffaith sy'n gweithredu ar y car hwn wrth iddo gyflymu.

Màs y car yw 1200 kg. Dylech chi gynnwys uned briodol yn eich ateb. [3]

....

....

Grym cydeffaith = ...

[Cyfanswm = ... / 22 marc]

Ffiseg

Gwaith Ymarferol Penodol 8: Ymchwilio i graff grym–estyniad ar gyfer sbring

Pan mae grym yn cael ei roi ar sbring, mae'r sbring yn estyn neu'n cywasgu (gan ddibynnu ar gyfeiriad y grym). Mae dau beth yn effeithio ar faint mae'r sbring yn estyn neu'n cywasgu, sef maint y grym sy'n cael ei roi arno a chysonyn sbring (neu gysonyn grym) y sbring, k. Y mwyaf anhyblyg yw'r sbring, y mwyaf anodd ydyw i'w estyn neu ei gywasgu, a'r uchaf yw gwerth k. Gallwn ni ddangos y berthynas hon yn fathemategol gan ddefnyddio deddf Hooke:

$F = kx$ lle

- F yw'r grym sy'n cael ei roi ar y sbring, wedi'i fesur mewn Newtonau, N
- k yw'r cysonyn sbring, wedi'i fesur mewn Newtonau y metr, N/m
- x yw **estyniad** y sbring, wedi'i fesur mewn metrau, m.

I gyfrifo grym y pwysau sy'n cael ei roi ar sbring, gallwn ni ddefnyddio'r hafaliad canlynol:

$W = mg$ lle

- W yw'r pwysau, wedi'i fesur mewn Newtonau, N
- m yw'r màs, wedi'i fesur mewn cilogramau, kg
- g yw cryfder y maes disgyrchiant, wedi'i fesur mewn Newtonau y cilogram, N/kg (cryfder maes disgyrchiant y Ddaear yw 9.81 N/kg).

Nod

Ymchwilio i graff grym–estyniad ar gyfer sbring.

Cyfarpar

- Sbring
- Hongiwr màs 100 g
- O leiaf 5 màs 100 g
- Riwl fetr
- Riwl 30 cm
- Stand clamp
- 2 × clamp
- 2 × cnap
- Cyfarpar amddiffyn y llygaid

Dull

Ysgrifennwch ragdybiaeth ar gyfer yr arbrawf hwn:

....

....

....

1 Gwisgwch y cyfarpar i amddiffyn eich llygaid.
2 Cydosodwch y cyfarpar fel sydd i'w weld yn y diagram. Yn gyntaf, dylech chi hongian y sbring ar y clamp heb roi'r hongiwr màs arno.

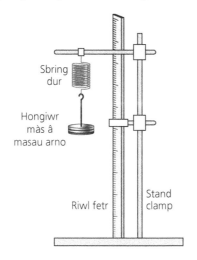

Sbring dur

Hongiwr màs â masau arno

Riwl fetr

Stand clamp

Mae rhagor o wybodaeth ar gael yng ngwerslyfr **CBAC TGAU Ffiseg** ar y tudalennau hyn:

- 185–186: Grymoedd ac estyniad sbringiau

Term allweddol

Estyniad: y gwahaniaeth rhwng hyd sbring wedi'i estyn a'i hyd heb ei estyn.

Iechyd a diogelwch

Gwisgwch gyfarpar amddiffyn y llygaid, rhag ofn bod y masau yn disgyn oddi ar y sbring a bod y sbring yn neidio yn ôl ac yn taro eich llygad.

Gwnewch yn siŵr nad yw eich traed o dan y masau ar unrhyw adeg, rhag ofn bod y masau yn disgyn arnyn nhw.

Rhowch flwch neu glustog o dan y masau i atal difrod i'r masau ac i'r llawr wrth iddyn nhw ddisgyn.

Hafaliadau allweddol

$F = kx$

$W = mg$

gwaith sy'n cael ei wneud wrth estyn $= \frac{1}{2} \times$ grym $\times$ estyniad

estyniad, x = hyd estynedig – hyd gwreiddiol

Cyfleoedd mathemateg

- Defnyddio nifer priodol o ffigurau ystyrlon
- Canfod cymedr rhifyddol
- Deall bod $y = mx + c$ yn cynrychioli perthynas linol
- Plotio dau newidyn o ddata arbrofol neu ddata eraill

Awgrym

Ar gyfer y gwaith ymarferol hwn, byddwch chi'n defnyddio masau 100 g (pwysau = tua 1 N).

$W = mg$

$W = 0.1$ kg $\times 9.8$ N/kg $= 0.98$ N ≈ 1 N

3   Mesurwch hyd gwreiddiol y sbring mewn metrau. Defnyddiwch y riwl 30 cm fel pwyntydd er mwyn osgoi **cyfeiliornad paralacs**. Cofnodwch yr hyd hwn yn y tabl canlyniadau yn yr adran **arsylwadau**.

4   Cwblhewch golofn gyntaf y tabl canlyniadau. Does dim màs yn hongian ar y sbring felly does dim grym, a dim estyniad.

5   Gan wneud yn siŵr nad yw eich traed o dan y sbring, dylech chi hongian yr hongiwr màs 100 g ar y sbring a gadael iddo setlo. Rydych chi nawr wedi rhoi grym o 1 N ar y sbring.

6   Defnyddiwch y riwl 30 cm i fesur hyd newydd y sbring. Darganfyddwch yr estyniad drwy dynnu hyd gwreiddiol y sbring o'r gwerth hwn. Cofnodwch yr estyniad hwn yn y rhes Estyniad 1 yn y tabl canlyniadau.

7   Ychwanegwch un màs 100 g at yr hongiwr ac ailadroddwch gam 6.

8   Ailadroddwch nes eich bod chi wedi ychwanegu o leiaf 5 màs 100 g at yr hongiwr màs. Peidiwch ag ychwanegu gormod o fasau, oherwydd gallai'r sbring estyn yn rhy bell ac aros wedi'i estyn yn barhaol.

9   Ailadroddwch yr arbrawf, gan lenwi'r rhes Estyniad 2 yn y tabl canlyniadau.

Term allweddol

Cyfeiliornad paralacs: wrth edrych ar wrthrych rydych chi'n ei ddefnyddio i fesur gwerth, gall edrych fel pe bai mewn safle gwahanol i'w safle gwirioneddol oherwydd eich llinell gweld.

Arsylwadau

1   Cwblhewch y tabl.

Hyd gwreiddiol y sbring = _____ m

Màs / kg						
Grym / N						
Estyniad 1 / m						
Estyniad 2 / m						
Estyniad cymedrig / m						

2   Plotiwch graff sy'n dangos *Grym* (echelin-*y*) yn erbyn *Estyniad* (echelin-*x*) ar gyfer eich sbring. Lluniadwch linell ffit orau – dylai'r llinell hon fynd yn syth drwy'r tarddbwynt.

3   Cyfrifwch raddiant y llinell ffit orau – dyma yw gwerth y cysonyn sbring, *k*,
     ar gyfer eich sbring.

....

....

....

> **Awgrym**
>
> I gyfrifo graddiant llinell syth, dewiswch ddau bwynt ar y llinell ffit orau. Cyfrifwch y newid i'r cyfesuryn *y* (grym) a'r newid i'r cyfesuryn *x* (estyniad).
>
> $$graddiant = \frac{newid\ i\ y}{newid\ i\ x}$$

Casgliadau

4   Adolygwch eich rhagdybiaeth ac aseswch a oeddech chi'n gywir ai peidio.

....

....

....

....

5   Mae deddf Hooke yn datgan bod estyniad sbring mewn cyfrannedd union â'r grym sy'n cael ei roi arno.

     Esboniwch sut mae eich graff yn profi'r datganiad hwn.

....

....

6   Disgrifiwch y graff grym–estyniad ar gyfer sbring â chysonyn sbring uwch.

....

....

7   Os ydych chi'n ychwanegu gormod o fasau at y sbring, bydd yn estyn yn rhy bell ac yn aros wedi'i estyn yn barhaol. Awgrymwch sut byddai graff grym–estyniad yn edrych ar gyfer yr estyniad hwn.

....

....

....

Gwerthuso

8   Fel arfer, rydyn ni'n plotio'r newidyn annibynnol ar echelin-*x* y graff ac yn plotio'r newidyn dibynnol ar yr echelin-*y*. Yn yr arbrawf hwn, rydyn ni'n gwneud y gwrthwyneb i hynny. Awgrymwch pam.

....

....

....

9   Efallai nad yw eich llinell ffit orau yn mynd drwy bob un o'r pwyntiau rydych chi wedi'u plotio. Disgrifiwch sut gallech chi wella manwl gywirdeb eich mesuriadau.

....

....

....

Cwestiynau enghreifftiol

1 Mae gofodwr yn cynnal arbrawf i ddarganfod estyniad sbring ar y Lleuad. Mae'n gwneud hyn drwy hongian masau ar ddiwedd y sbring a mesur yr estyniad â riwl.

Cryfder maes disgyrchiant y Lleuad, *g*, yw 1.6 N/kg.

a) Nodwch y newidyn annibynnol a'r newidyn dibynnol yn arbrawf y gofodwr. [2]

....

....

b) Gan ddefnyddio'r data yn y tabl, a'r hafaliadau allweddol, cyfrifwch y gwerthoedd sydd ar goll. [2]

Màs / g	625	938		1560	1870
Grym / N	1.00		2.00	2.50	3.00
Estyniad / m	0.02	0.03	0.04	0.05	0.06

c) Defnyddiwch y canlyniadau o'r tabl i blotio graff sy'n dangos *Grym* (echelin-*y*) yn erbyn *Estyniad* (echelin-*x*). [4]

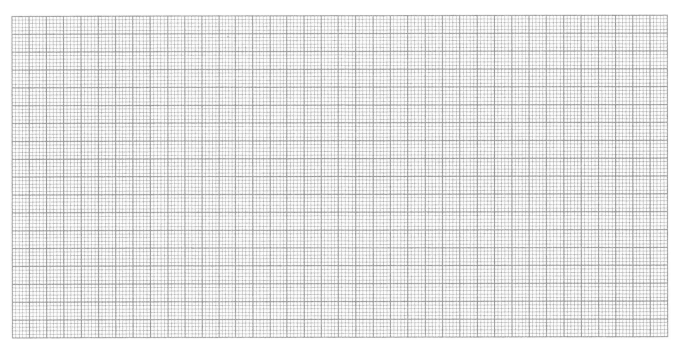

ch) Defnyddiwch raddiant eich graff i ddarganfod cysonyn sbring, *k*, y sbring. [1]

$$\text{graddiant} = \frac{\text{newid i } y}{\text{newid i } x} = \frac{\text{newid i'r grym}}{\text{newid i'r estyniad}} = k$$

....

....

....

d) Defnyddiwch eich graff i gyfrifo'r grym sydd ei angen i estyn y sbring 30 cm. Tybiwch nad yw'r sbring yn mynd dros y terfan elastig. [2]

....

....

....

Ffiseg

(HU) **dd)** Cyfrifwch y gwaith sy'n cael ei wneud ar y sbring i'w estyn 30 cm. **[2]**

$$\text{gwaith sy'n cael ei wneud wrth estyn} = \frac{1}{2} \times \text{grym} \times \text{estyniad}$$

....

....

....

e) Cyfrifwch yr egni potensial elastig sy'n cael ei storio yn y sbring pan mae wedi'i estyn 30 cm. **[2]**

$$\text{egni potensial elastig} = \frac{1}{2} \times \text{cysonyn sbring} \times (\text{estyniad})^2$$

....

....

....

2 Mae'r graff isod yn dangos canlyniadau disgybl sy'n ychwanegu masau at sbring. Esboniwch siâp y graff. **[4 AYE]**

....

....

....

....

....

[Cyfanswm = ... / 19 marc]

Gwaith Ymarferol Penodol 9: Ymchwilio i Egwyddor Momentau

Mae grymoedd yn gallu cyflymu gwrthrych neu ei arafu, newid i ba gyfeiriad mae'n symud, ei wasgu, ei estyn, neu wneud iddo droi neu gylchdroi.

Mae **moment** grym yn mesur ei effaith troi. Gall fod i gyfeiriad clocwedd neu wrthglocwedd. Mae tri ffactor yn effeithio arno: maint y grym; cyfeiriad y grym; a'r pellter rhwng y grym a'r **colyn** cylchdro.

Mae deall momentau yn bwysig mewn llawer o ffyrdd – mae'n helpu peirianwyr wrth sicrhau nad yw craeniau yn disgyn drosodd, ac yn esbonio symudiad si-so mewn parc chwarae.

Nod

Ymchwilio i Egwyddor Momentau.

Cyfarpar

- Riwl fetr â thwll wedi'i ddrilio yn y canol
- Darnau bach o blastisin neu *Blu-Tack*
- Stand, cnap a chlamp

- Dolenni bach o linyn i hongian masau agennog
- 3 × hongiwr màs 100 g
- 7 × màs agennog 100 g

Dull

1 Cydosodwch y cyfarpar fel sydd i'w weld yn y diagram. Os nad yw'r riwl fetr yn aros yn gytbwys yn llorweddol ar ei phen ei hun, ychwanegwch ddarn bach o blastisin neu *Blu-Tack* at un pen; addaswch y swm a'i safle nes bod y riwl fetr yn cyrraedd **ecwilibriwm** ac yn aros yn gytbwys.

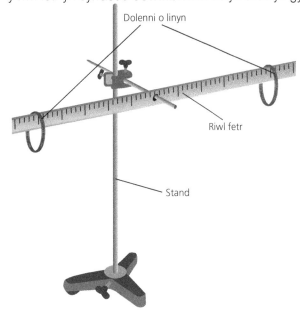

Dolenni o linyn

Riwl fetr

Stand

2 Rhowch amrywiaeth o fasau gwahanol i hongian ar y dolenni o linyn ar y ddwy ochr i'r colyn. Er enghraifft, gallwch chi hongian màs 100 g 20 cm i'r dde o'r colyn, a màs 100 g arall 20 cm i'r chwith o'r colyn. Gwnewch yn siŵr bod y trawst yn gytbwys cyn gollwng y masau.

3 Mesurwch y pellter oddi wrth y colyn a grym (pwysau) pob màs (100 g = tua 1 N) ar gyfer grymoedd clocwedd a grymoedd gwrthglocwedd. Cofnodwch eich mesuriadau yn y tabl canlyniadau yn yr adran **arsylwadau**.

4 Ailadroddwch gamau 2–3, gan ddefnyddio masau gwahanol ar bellterau gwahanol oddi wrth y colyn.

5 Fel tasg bellach, gallwch chi roi dolen ychwanegol ar un ochr i'r riwl fetr gyda hongiwr màs arall (fel bod dwy ddolen ar un ochr ac un ddolen ar yr ochr arall). Ailadroddwch gamau 2–4. Allwch chi ddarganfod y rheol ar gyfer pryd mae'r riwl fetr yn gytbwys?

Mae rhagor o wybodaeth ar gael yng ngwerslyfr **CBAC TGAU Ffiseg** ar y tudalennau hyn:

- 205–206: Grymoedd troi
- 207–208: Egwyddor Momentau

Termau allweddol

Moment (grym): effaith troi'r grym.

Colyn: y pwynt byddai'r gwrthrych yn cylchdroi o'i amgylch.

Ecwilibriwm: cyflwr lle mae system yn gytbwys.

Normal: llinell sy'n berpendicwlar (ar ongl o 90 gradd) i gyfeiriad y saeth grym.

Hafaliad allweddol

moment (Nm) = grym (N) × pellter/m (normal i gyfeiriad y grym)

Iechyd a diogelwch

Cofiwch, gallai'r cyfarpar ddisgyn drosodd – dylech chi sefyll wrth gynnal yr arbrawf er mwyn gallu symud o'r ffordd yn ddiogel os yw'n disgyn. Gollyngwch y masau yn ofalus wrth gydbwyso'r riwl.

Peidiwch ag ychwanegu mwy na chyfanswm o 1 kg o fasau at y riwl. Gallai hyn achosi i'r riwl ddechrau plygu, a bydd hefyd yn ei gwneud hi'n fwy tebygol y bydd y cyfarpar yn disgyn drosodd.

Cyfleoedd mathemateg

- Defnyddio cymarebau a ffracsiynau
- Trawsnewid unedau
- Newid testun hafaliad
- Amnewid gwerthoedd mewn hafaliadau algebraidd a'u datrys nhw

Awgrym

Nid y darlleniad ar y riwl fetr yw'r pellter oddi wrth y colyn. Mae angen i chi fesur y pellter rhwng twll y colyn a'r ddolen o linyn.

Awgrym

Os ydych chi'n meddwl eich bod chi wedi darganfod y rheol i wneud i'r cyfarpar gydbwyso, ceisiwch ddod o hyd i enghraifft sy'n torri'r rheol. Er enghraifft, os ydych chi'n meddwl bod angen yr un grym ar yr un pellter ar y ddwy ochr, ceisiwch ddod o hyd i ffyrdd eraill o wneud iddo gydbwyso gan ddefnyddio grymoedd gwahanol ar y ddwy ochr.

Arsylwadau

1 Ychwanegwch uned at bennawd pob colofn yn y tabl canlyniadau isod.

2 Cofnodwch eich canlyniadau yn y tabl.

3 Cyfrifwch foment pob grym sy'n cael ei roi, a nodwch y gwerthoedd hyn yn y golofn briodol yn y tabl.

> **Nodyn**
>
> Mae'r colofnau moment clocwedd a moment gwrthglocwedd wedi'u rhoi eto ar ddiwedd y tabl canlyniadau i'ch galluogi i'w cymharu nhw'n hawdd.

Clocwedd			Gwrthglocwedd			Cyfanswm moment clocwedd /	Cyfanswm moment gwrthglocwedd /
Grym /	Pellter o'r colyn /	Moment clocwedd /	Grym /	Pellter o'r colyn /	Moment gwrthglocwedd /		

Casgliadau

4 Disgrifiwch y berthynas rhwng cyfanswm y momentau clocwedd a chyfanswm y momentau gwrthglocwedd pan mae'r riwl fetr yn gytbwys.

> **Awgrym**
>
> Os ydych chi'n gwneud y dasg bellach (cam 5 y dull), rhaid adio momentau pob grym at ei gilydd.

....

....

....

> **Awgrym**
>
> Egwyddor Momentau yw'r enw ar hyn.

5 Mae grym 1 N yn hongian 30 cm i'r chwith o'r colyn.
Awgrymwch **bedair** ffordd o gydbwyso'r riwl fetr drwy ychwanegu grym neu rymoedd i'r dde o'r colyn.

1: ....

....

2: ....

....

3: ....

....

4: ....

....

Gwerthuso

6 Sut mae trwch y llinyn gwnaethoch chi ei ddefnyddio yn cymharu â chydraniad y riwl fetr? A wnaeth hyn effeithio ar fanwl gywirdeb eich canlyniadau?

....

....

....

7 Mewn gwirionedd, mae grym pwysau â màs 100 g ychydig bach yn llai nag 1 N.

Esboniwch sut byddai hyn yn effeithio ar y gwerthoedd rydych chi wedi'u cyfrifo ar gyfer momentau y pwysau gwnaethoch chi eu defnyddio.

Sut byddai hyn yn effeithio ar eich casgliad am y berthynas rhwng momentau clocwedd a momentau gwrthglocwedd?

....

....

....

....

....

....

Cwestiynau enghreifftiol

1 Mae craen yn cael ei ddefnyddio ar safle adeiladu i godi a symud gwrthrychau trwm. Bydd y craen yn disgyn drosodd os yw moment y llwyth sy'n gweithredu ar y craen yn rhy fawr.

Mae'r graff hwn yn dangos y pellter llorweddol mwyaf y gall llwythi gwahanol symud oddi wrth y tŵr craen cyn i'r craen ddisgyn drosodd.

a) Esboniwch y berthynas rhwng *Pwysau'r llwyth* a'r *Pellter llorweddol mwyaf*. Defnyddiwch ddata o'r graff i gefnogi eich ateb. **[4]**

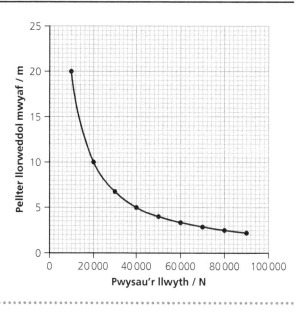

....

....

....

....

....

....

b) Darganfyddwch y pellter llorweddol mwyaf byddai'r craen yn gallu symud màs 3 061 kg. **[3]**
Cryfder maes disgyrchiant = 9.8 N/kg.

....

....

....

....

....

2 Mae bachgen sy'n pwyso 500 N yn sefyll ar un pen o'r si-so, 4.0 m oddi wrth y colyn. Mae blwch trwm sy'n pwyso 800 N yn cael ei osod ar ochr arall y si-so, *d* m oddi wrth y colyn. Mae'r si-so mewn ecwilibriwm.

a) i) Nodwch yr Egwyddor Momentau. **[2]**

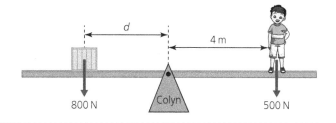

....

....

ii) Cyfrifwch y moment sy'n gweithredu ar y colyn, wedi'i achosi gan bwysau'r bachgen. Gwnewch yn siŵr eich bod chi'n rhoi'r uned gywir. [3]

....

....

....

....

iii) Cyfrifwch bellter y blwch oddi wrth y colyn. [3]

....

....

....

....

b i) Mae disgybl yn creu model gan ddefnyddio riwl fetr i gynrychioli'r si-so, a dau bwysyn i gynrychioli'r bachgen a'r blwch. Mae'r colyn yn cael ei osod yng nghanol y riwl fetr ar y marc 50 cm. Mae'r disgybl yn rhoi pwysyn 5 N ar y marc 90 cm ar y riwl.

Ym mha safle ar hyd y riwl dylai'r disgybl roi pwysyn 8 N i gynrychioli'r blwch? [1]

....

....

....

ii) Mae'r disgybl yn addasu'r model i gynrychioli chwaer y bachgen yn mynd ar y si-so ar yr un ochr â'r blwch.

Mae'r disgybl yn rhoi pwysyn 2 N 45 cm oddi wrth y colyn i gynrychioli'r chwaer.

Mae'n symud y pwysyn 8 N sy'n cynrychioli'r blwch i safle newydd, 5 cm oddi wrth y colyn ar yr un ochr â'r chwaer.

Esboniwch pa mor bell ac i ba gyfeiriad bydd angen i'r disgybl symud y pwysyn 5 N sy'n cynrychioli'r bachgen, er mwyn cynnal ecwilibriwm y riwl fetr.

Dylech chi gynnwys cyfrifiadau yn eich ateb. [6 AYE]

....

....

....

....

....

....

....

[Cyfanswm = ... **/ 22 marc]**

Ffiseg

Gwaith Ymarferol Penodol 10: Darganfod hanner oes model o ffynhonnell ymbelydrol

Mae niwclysau ymbelydrol yn dadfeilio. Mae'r tebygrwydd y bydd niwclews penodol yn dadfeilio ar foment penodol yn amrywio, oherwydd mae niwclysau elfennau gwahanol yn cynnwys niferoedd gwahanol o brotonau a niwtronau.

Mae **hanner oes** penodol gan bob sylwedd ymbelydrol. Yr hanner oes yw'r amser mae'n ei gymryd i hanner y niwclysau ymbelydrol sy'n bresennol ddadfeilio.

Mae'r niwclysau mewn sylwedd ymbelydrol yn dadfeilio ar hap – mae'n amhosibl rhagfynegi pryd bydd niwclews penodol yn dadfeilio a pha un fydd yn dadfeilio nesaf. Gallwn ni ddefnyddio disiau fel model o ddadfeiliad ymbelydrol oherwydd mae dis hefyd yn glanio ar hap. Gan ddefnyddio disiau fel model, rydyn ni'n dweud bod dis wedi dadfeilio os bydd yn glanio ar rif 6. Mae hyn yn golygu bod gan bob dis siawns o $\frac{1}{6}$ o ddadfeilio.

Nod

Darganfod hanner oes model o ffynhonnell ymbelydrol, er enghraifft gan ddefnyddio disiau.

Cyfarpar

- Nifer mawr o ddisiau (mae angen o leiaf 50 – mwy os yn bosibl – i roi canlyniadau clir) neu giwbiau â marciwr ar un wyneb
- Fel arall, gallwch chi raglennu taenlen i roi rhifau ar hap.

Dull

1 Ewch ati i gyfrif nifer y disiau neu giwbiau sydd gennych chi. Cofnodwch y rhif hwn fel nifer y disiau sydd heb ddadfeilio yn rhes tafliad sero yn y tabl canlyniadau yn yr adran **arsylwadau**.
2 Taflwch y disiau i gyd a thynnwch unrhyw ddis sy'n dangos 6. Rydyn ni'n dweud bod y disiau hyn wedi dadfeilio.
3 Ewch ati i gyfrif nifer y disiau sydd wedi dadfeilio ar gyfer y tafliad hwn. Cyfrifwch a chofnodwch nifer y disiau sydd ar ôl (heb ddadfeilio) ar gyfer y tafliad nesaf yn y tabl canlyniadau.
4 Ailadroddwch gamau 2–4 ar gyfer tafliadau pellach nes bod dim disiau ar ôl, neu nes eich bod chi wedi gwneud 30 tafliad.
5 Casglwch y disiau i gyd, ac ailadroddwch yr arbrawf cyfan.

Awgrym

Rydych chi'n cyfrif nifer y disiau sydd ar ôl er mwyn modelu nifer y niwclysau sydd ar ôl pan fydd sylwedd ymbelydrol yn dadfeilio. Mewn arbrawf go iawn, rydyn ni'n mesur swm yr ymbelydredd sy'n cael ei allyrru, sy'n cyfateb i nifer y disiau rydych chi'n eu tynnu bob tro. Mae swm yr ymbelydredd sy'n cael ei allyrru bob eiliad a nifer y niwclysau sydd ar ôl mewn cyfrannedd union, felly mae'r patrwm yn y ddwy set o ganlyniadau yr un fath.

Mae rhagor o wybodaeth ar gael yng ngwerslyfr **CBAC TGAU Ffiseg** ar y tudalennau hyn:

- 266–267: Defnyddio dadfeiliad ymbelydrol
- 268–269: Dadfeiliad ymbelydrol protactiniwm-234
- 269–270: Dyddio carbon

Term allweddol

Hanner oes: yr amser mae'n ei gymryd i actifedd sampl o ddefnydd ymbelydrol leihau i hanner ei faint.

Cyfleoedd mathemateg $\sqrt{2^3+1}$

- Defnyddio cymarebau, ffracsiynau a chanrannau
- Deall tebygolrwydd syml
- Trosi gwybodaeth rhwng ffurfiau graffigol a ffurfiau rhifiadol
- Plotio dau newidyn o ddata arbrofol

Arsylwadau

1 Cofnodwch eich canlyniadau yn y tabl hwn. Efallai bydd y disiau i gyd yn dadfeilio mewn llai na 30 tafliad.

Nifer y tafliadau	Nifer y disiau heb ddadfeilio			Nifer y tafliadau	Nifer y disiau heb ddadfeilio		
	Prawf 1	Prawf 2	Cyfanswm		Prawf 1	Prawf 2	Cyfanswm
0							
1				16			
2				17			
3				18			
4				19			
5				20			
6				21			
7				22			
8				23			
9				24			
10				25			
11				26			
12				27			
13				28			
14				29			
15				30			

2 Plotiwch graff sy'n dangos *Cyfanswm nifer y disiau heb ddadfeilio* (echelin-y) yn erbyn *Nifer y tafliadau* (echelin-x).

Ffiseg

Casgliadau

3 Beth yw nifer y disiau heb ddadfeilio ar gyfer tafliad sero?

....

4 Sawl tafliad mae'n ei gymryd i nifer y disiau haneru? Rhowch eich ateb i un lle degol.

....

5 Sawl tafliad **arall** mae'n ei gymryd i nifer y disiau heb ddadfeilio haneru eto?

....

6 Sawl tafliad **arall** mae'n ei gymryd i nifer y disiau heb ddadfeilio haneru am y trydydd tro?

....

7 Beth yw hanner oes eich disiau? (Hynny yw, cyfrifwch nifer cymedrig y tafliadau sydd eu hangen i leihau nifer y disiau heb ddadfeilio i hanner y gwerth gwreiddiol.)

....

....

....

8 Y tebygolrwydd y bydd dis perffaith heb ddadfeilio ar ôl un tafliad yw $\left(\frac{5}{6}\right)^1$.

Ar ôl dau dafliad, y tebygolrwydd y bydd dis heb ddadfeilio yw $\left(\frac{5}{6}\right)^2$.

Ar ôl tri thafliad, y tebygolrwydd yw $\left(\frac{5}{6}\right)^3$.

Beth yw'r tebygolrwydd y bydd dis perffaith heb ddadfeilio ar ôl yr hanner oes rydych chi wedi'i gyfrifo o'ch graff? Rhowch eich ateb i ddau ffigur ystyrlon.

....

....

....

9 Awgrymwch pam nad hanner yn union yw eich ateb i gwestiwn 8.

....

....

....

Gwerthuso

10 Esboniwch pam mae angen nifer mawr o ddisiau ar gyfer yr arbrawf hwn er mwyn darganfod hanner oes manwl gywir.

....

....

....

11 Awgrymwch pam mai dim ond sampl bach o sylwedd ymbelydrol sydd ei angen i ddarganfod hanner oes manwl gywir. Dylech chi gyfeirio at y model disiau yn eich ateb.

....

....

....

....

Cwestiynau enghreifftiol

1 Mae athrawes yn dangos sut mae swm yr ymbelydredd sy'n cael ei allyrru gan dri sampl ymbelydrol gwahanol yn newid dros amser. Mae'r canlyniadau i'w gweld yn y graff hwn.

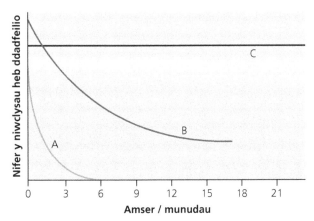

a) O'r tri sylwedd (A, B neu C), pa un

   i) sydd â'r hanner oes hiraf .... [1]

   ii) sydd â hanner oes o tua 5 munud .... [1]

b) Mae disgybl yn awgrymu y gallai samplau A a B fod wedi'u gwneud o'r un defnydd, a bod mwy o niwclysau heb ddadfeilio gan sampl B ar y dechrau gan fod sampl B yn fwy na sampl A.
   Ydy awgrym y disgybl yn gywir? Esboniwch eich ateb. [2]

   ....

   ....

   ....

   ....

c) Mae disgybl arall yn cynnal arbrawf i fodelu dadfeiliad ymbelydrol. Mae'n taflu 100 darn arian ar yr un pryd yn rownd gyntaf yr arbrawf.
   Os yw darn arian yn glanio â'r pen i fyny, mae wedi dadfeilio ac mae'n cael ei dynnu o'r arbrawf.
   Mae'n taflu'r darnau arian eto ac eto am lawer o rowndiau nes bod y darnau arian i gyd wedi mynd.

   i) Sawl rownd o daflu'r darnau arian byddech chi'n disgwyl i'r disgybl ei wneud cyn i hanner y darnau arian ddadfeilio? [1]

   ....

   ....

   ii) Ar un adeg, mae 13 darn arian yn weddill gan y disgybl ar ôl cwblhau rownd.
   Beth yw'r nifer mwyaf tebygol o rowndiau mae'r disgybl wedi'u gwneud erbyn y pwynt hwn? [2]

   ....

   ....

   iii) Yn y pen draw, dim ond un darn arian sydd ar ôl gan y disgybl.

   Pam mae'n amhosibl rhagfynegi'n fanwl gywir sawl rownd arall o daflu'r darn arian byddai angen eu gwneud cyn i'r darn arian hwn ddadfeilio? [1]

   ....

   ....

iv) Esboniwch pam mae taflu darn arian yn gallu modelu'r syniad o hanner oes sylwedd ymbelydrol. [3]

....

....

....

....

....

....

ch) Mae disgybl arall yn taflu disiau i fodelu dadfeiliad ymbelydrol.

Mae gan ddis debygolrwydd o $\frac{1}{6}$ o ddadfeilio ar bob tafliad, ac felly mae'n bosibl dadlau ei fod yn fwy sefydlog na darn arian.

Hanner oes carbon-14 yw tua 5700 o flynyddoedd.

Hanner oes americiwm-241 yw tua 430 o flynyddoedd.

i) Defnyddiwch fodel y darnau arian a'r disiau i esbonio sut mae sefydlogrwydd niwclysau carbon-14 yn cymharu â sefydlogrwydd niwclysau americiwm-241. [5 AYE]

....

....

....

....

....

....

....

....

....

ii) Cyfrifwch gymhareb nifer y disiau sy'n weddill ar ôl pedwar tafliad, o gymharu â nifer y disiau ar ddechrau'r modelu. [3]

....

....

....

iii) Mae sampl o americiwm-241 sy'n 1290 mlwydd oed yn cael ei ddarganfod.

Rhagfynegwch y canran o'r niwclysau americiwm gwreiddiol sydd ar ôl yn y sampl. [3]

....

....

....

....

....

[Cyfanswm = ... / 22 marc]

Hafaliadau allweddol

Bioleg

Testun	Hafaliad geiriau
Cyfanswm chwyddhad	cyfanswm chwyddhad = chwyddhad lens y sylladur × chwyddhad lens y gwrthrychiadur
Chwyddhad	$\text{chwyddhad} = \dfrac{\text{hyd y lluniad o'r gell}}{\text{hyd gwirioneddol y gell}}$
Ffotosynthesis	carbon deuocsid + dŵr → glwcos + ocsigen
Cyfartaledd cymedrig	$\text{cymedr} = \dfrac{\text{cyfanswm y canlyniadau}}{\text{cyfanswm nifer y canlyniadau}}$
Amcangyfrif o faint y boblogaeth	$\text{amcangyfrif o faint y boblogaeth} = \dfrac{\text{cyfanswm yr arwynebedd}}{\text{arwynebedd wedi'i samplu}} \times \text{nifer y planhigion wedi'u cyfrif}$
Cynnwys egni bwydydd	$\text{egni sy'n cael ei ryddhau gan y bwyd am bob gram (J)} = \dfrac{\text{màs y dŵr (g)} \times \text{cynnydd yn y tymheredd (°C)} \times 4.2}{\text{màs y sampl bwyd (g)}}$

Cemeg

Testun	Hafaliad geiriau	Hafaliad symbol
Cyfartaledd cymedrig	$\text{cymedr} = \dfrac{\text{cyfanswm y canlyniadau}}{\text{cyfanswm nifer y canlyniadau}}$	
Canrannau	$\text{canran cynnyrch} = \dfrac{\text{cynnyrch gwirioneddol} \times 100\%}{\text{cynnyrch damcaniaethol}}$	
Màs fformiwla cymharol	Màs fformiwla cymharol (M_r) = màs atomig cymharol pob un o'r atomau yn fformiwla gemegol sylwedd. **(HU)** Màs molar sylwedd yw màs fformiwla cymharol (M_r) y sylwedd hwnnw mewn gramau (g/mol).	
Molau	$\text{molau sylwedd} = \dfrac{\text{màs y sylwedd}}{\text{màs fformiwla cymharol}}$ $\text{màs fformiwla cymharol} = \dfrac{\text{màs y sylwedd}}{\text{molau sylwedd}}$ màs = molau sylwedd × màs fformiwla cymharol	$\text{molau (mol)} = \dfrac{\text{màs (g)}}{M_r \ (\text{g}/\text{mol})}$ $M_r \ (\text{g}/\text{mol}) = \dfrac{\text{màs (g)}}{\text{molau (mol)}}$ màs (g) = molau (mol) × M_r (g/mol)
Newidiadau egni	$\begin{array}{c}\text{egni gwres sy'n cael} \\ \text{ei drosglwyddo (J)}\end{array} = \text{màs yr hylif (g)} \times \begin{array}{c}\text{cynhwysedd gwres sbesiffig} \\ \text{yr hylif (J/g °C)}\end{array} \times \begin{array}{c}\text{cynnydd yn y} \\ \text{tymheredd (°C)}\end{array}$ Cynhwysedd gwres sbesiffig dŵr yw 4.2 J/g °C, ond rydyn ni'n defnyddio'r gwerth hwn ar gyfer hylifau eraill hefyd (e.e. asidau). $\text{egni sy'n cael ei ryddhau gan 1 gram o alcohol (J)} = \dfrac{\text{màs y dŵr (g)} \times \text{cynnydd yn y tymheredd (°C)} \times 4.2}{\text{màs yr alcohol sy'n cael ei losgi (g)}}$	
Cyfradd adwaith	$\text{cyfradd} = \dfrac{1}{\text{amser adweithio}}$	
Cyfradd adwaith	$\text{cyfradd adwaith} = \dfrac{\text{swm yr adweithydd NEU swm y cynnyrch sy'n ffurfio}}{\text{amser mae'n ei gymryd}}$ Gallwn ni addasu hwn ar gyfer adweithiau penodol. Er enghraifft: $\text{cyfradd adwaith (cm}^3/\text{s)} = \dfrac{\text{cyfaint y nwy (cm}^3)}{\text{amser mae'n ei gymryd (s)}}$	
Graddiant graff **(HU)**	Mae hafaliad llinell syth ar graff yn cynnwys term y, term x a rhif. Rydyn ni'n ei ysgrifennu fel $y = mx + c$. Mae gwerth m yn cynrychioli graddiant y llinell a gallwn ni ei gyfrifo drwy rannu'r newid i y â'r newid i x. c yw'r rhyngdoriad-y, sef y man lle mae'r llinell syth yn cwrdd â'r echelin-y.	$y = mx + c$ $m = \dfrac{\Delta \text{ gwerth-}y}{\Delta \text{ gwerth-}x}$

Ffiseg

Testun	Hafaliad geiriau	Hafaliad symbol
Pwysau	pwysau = màs × cryfder maes disgyrchiant (g)	$W = mg$
Deddf Hooke	grym sy'n cael ei roi ar sbring = cysonyn sbring × estyniad	$F = kx$
Moment grym	moment grym = grym × pellter (normal i gyfeiriad y grym)	$M = Fd$
Gwasgedd	$\text{gwasgedd} = \dfrac{\text{grym}}{\text{arwynebedd}}$	$p = \dfrac{F}{A}$
Deddf nwy cyfunol (HU)	$\dfrac{\text{gwasgedd} \times \text{cyfaint}}{\text{tymheredd mewn Kelvin}} = \text{cysonyn}$	$\dfrac{pV}{T} = \text{cysonyn}$ $T\,/\,K = \theta\,/\,°C + 273$
Buanedd	pellter teithio = buanedd × amser $\text{buanedd} = \dfrac{\text{pellter teithio}}{\text{amser mae'n ei gymryd}}$	$x = vt$ $v = \dfrac{x}{t}$
Cyflymiad	$\text{cyflymiad} = \dfrac{\text{newid mewn cyflymder}}{\text{amser mae'n ei gymryd}}$	$a = \dfrac{\Delta v}{t}$
Cynhwysedd gwres sbesiffig	newid mewn egni thermol = màs × cynhwysedd gwres sbesiffig × newid mewn tymheredd	$\Delta Q = mc\Delta\theta$
Gwres cudd sbesiffig	egni thermol ar gyfer newid cyflwr = màs × gwres cudd sbesiffig	$Q = mL$
Pŵer	$\text{pŵer} = \dfrac{\text{egni sy'n cael ei drosglwyddo}}{\text{amser}}$	$P = \dfrac{E}{t}$
Pŵer	$\text{pŵer} = \dfrac{\text{gwaith sy'n cael ei wneud}}{\text{amser}}$	$P = \dfrac{W}{t}$
Effeithlonrwydd	$\text{effeithlonrwydd} = \dfrac{\text{pŵer allbwn defnyddiol}}{\text{cyfanswm pŵer mewnbwn}}$ $\%\ \text{effeithlonrwydd} = \dfrac{\text{pŵer allbwn defnyddiol}}{\text{cyfanswm pŵer mewnbwn}} \times 100$	
Tonnau	buanedd ton = amledd × tonfedd	$v = f\lambda$
Cerrynt	llif gwefr = cerrynt × amser	$Q = It$
Gwrthiant	$\text{cerrynt} = \dfrac{\text{foltedd}}{\text{gwrthiant}}$	$I = \dfrac{V}{R}$
Pŵer trydanol	pŵer = foltedd × cerrynt	$P = VI$
Pŵer trydanol (HU)	pŵer = (cerrynt)² × gwrthiant	$P = I^2R$
Gwrthiant mewn cylched gyfres	cyfanswm gwrthiant mewn cylched gyfres	$R = R_1 + R_2$
Gwrthiant mewn cylched baralel (HU)	cyfanswm gwrthiant mewn cylched baralel	$\dfrac{1}{R} = \dfrac{1}{R_1} + \dfrac{1}{R_2}$
Pŵer	egni sy'n cael ei drosglwyddo = pŵer × amser	$E = Pt$
Gwahaniaeth potensial	egni sy'n cael ei drosglwyddo = llif gwefr × gwahaniaeth potensial	$E = QV$
Newidyddion	V_1 = foltedd ar draws y coil cynradd V_2 = foltedd ar draws y coil eilaidd N_1 = nifer y troadau ar y coil cynradd N_2 = nifer y troadau ar y coil eilaidd	$\dfrac{V_1}{V_2} = \dfrac{N_1}{N_2}$
Grym ar wifren mewn maes magnetig (HU)	grym ar ddargludydd (ar ongl sgwâr i faes magnetig) sy'n cludo cerrynt = dwysedd fflwcs magnetig × cerrynt × hyd	$F = BIl$

Testun	Hafaliad geiriau	Hafaliad symbol
Egni domestig	unedau sy'n cael eu defnyddio (kWawr) = pŵer (kW) × amser (awr) cost = unedau sy'n cael eu defnyddio × cost un uned	
Dwysedd	$dwysedd = \dfrac{màs}{cyfaint}$ Gallwn ni ddefnyddio hyn mewn sefyllfaoedd gwahanol. Er enghraifft: $dwysedd \ dŵr \ hallt = \dfrac{màs \ y \ dŵr \ + màs \ yr \ halen}{cyfaint \ y \ dŵr \ hallt}$	$\rho = \dfrac{m}{V}$
Graddiant graff	$graddiant = \dfrac{newid \ i \ y}{newid \ i \ x}$	
Cyfaint ciwboid	cyfaint = hyd × lled × uchder	
Sbringiau	estyniad (x) = hyd estynedig – hyd gwreiddiol	

Termau allweddol

Bioleg

Amrywiad amgylcheddol: amrywiad sydd wedi'i achosi gan yr amgylchedd.

Amrywiad etifeddol: amrywiad sydd wedi'i achosi gan y genynnau.

Ardal ataliad: rhan o blât microbaidd lle mae twf microbau wedi'i atal.

Arddwysedd golau: pa mor ddisglair yw golau.

Bioamrywiaeth: nifer y rhywogaethau mewn ardal, ynghyd â maint poblogaeth pob rhywogaeth.

Cwadrad: ffrâm ag arwynebedd penodol.

Cyfrwng gwrthficrobaidd: cemegyn sy'n lladd bacteria (gwrthfiotig) neu sy'n atal twf bacteria (antiseptig).

Diabetes: cyflwr sy'n golygu bod y claf yn methu rheoli lefelau glwcos yn y gwaed, naill ai oherwydd diffyg inswlin (math 1) neu oherwydd diffyg sensitifedd i inswlin (math 2).

Ensym: catalydd biolegol, sy'n cyflymu cyfradd adwaith heb gymryd rhan ynddo.

Epidermis: yr haen allanol o gelloedd sy'n gorchuddio organeb.

Ffotosynthesis: y broses mae planhigion gwyrdd yn ei defnyddio i wneud bwyd, gan ddefnyddio carbon deuocsid, dŵr ac egni golau.

Hapsamplu: dull o gasglu samplau ar hap i atal dylanwad pobl neu duedd.

Potomedr: offeryn sy'n gallu mesur cyfraddau trydarthu.

Troeth: hydoddiant sy'n cynnwys gwastraff nitrogenaidd ac sy'n cael ei gynhyrchu yn yr arennau.

Trydarthu/Trydarthiad: colli anwedd dŵr o ddail planhigyn, drwy anweddiad.

Tymheredd optimwm: y tymheredd lle mae effeithlonrwydd a chynaliadwyedd proses ar eu huchaf.

Cemeg

Adwaith dadleoli: adwaith cemegol lle mae elfen fwy adweithiol yn dadleoli elfen lai adweithiol o'i chyfansoddyn.

Adwaith ecsothermig: adwaith sy'n rhyddhau egni gwres (ac felly'n achosi i'r tymheredd gynyddu).

Adwaith endothermig: adwaith sy'n amsugno egni gwres (ac felly'n achosi i'r tymheredd ostwng).

Ailadroddadwy: pan fydd dau ditr neu fwy yn agos at ei gilydd, fel arfer o fewn $0.2\,cm^3$.

Alcali: hydoddiant â pH mwy na 7; mae'n cynhyrchu ïonau OH^- mewn dŵr.

Alcohol: moleciwl organig sy'n cynnwys grŵp gweithredol hydrocsyl (–OH) wedi'i fondio â charbon sy'n rhan o gadwyn hydrocarbon.

Asid: hydoddiant â pH llai na 7; mae'n cynhyrchu ïonau H^+ mewn dŵr.

Caledwch dros dro: dŵr caled sy'n gallu cael ei feddalu drwy ei ferwi.

Caledwch parhaol: dŵr caled sydd ddim yn gallu cael ei feddalu drwy ei ferwi.

Cyfansoddyn: sylwedd sy'n cynnwys o leiaf dwy elfen wahanol sydd wedi uno'n gemegol â'i gilydd.

Cyfansoddyn ïonig deuaidd: cyfansoddyn sy'n cynnwys ïonau o ddwy elfen wahanol – un metel ac un anfetel.

Dadelfeniad thermol: cyfansoddyn yn ymddatod (torri i lawr) i ffurfio dau neu fwy o gyfansoddion syml gan ddefnyddio egni gwres.

Dangosydd: llifyn cemegol sy'n cael ei ychwanegu at hydoddiant ac sy'n newid lliw yn dibynnu ar y pH.

Dŵr caled: dŵr sy'n cynnwys crynodiad uchel o ïonau calsiwm a/neu fagnesiwm.

Dŵr distyll: dŵr sydd wedi cael ei ferwi ac yna ei gyddwyso i gael gwared ar unrhyw solidau sydd wedi hydoddi.

Dŵr meddal: dŵr sy'n cynnwys crynodiad isel o ïonau calsiwm a/neu fagnesiwm.

Dŵr wedi'i ddad-ïoneiddio: dŵr ag unrhyw ïonau calsiwm neu fagnesiwm wedi'u tynnu ohono neu eu cyfnewid am ïonau sodiwm (dydy ïonau sodiwm ddim yn achosi caledwch dŵr, felly mae cyfnewid yr ïonau calsiwm neu fagnesiwm am ïonau sodiwm yn meddalu'r dŵr).

Dyfrllyd: yn debyg i ddŵr neu wedi hydoddi mewn dŵr.

Electrolysis: defnyddio trydan i ddadelfennu cyfansoddion ïonig.

Electroplatio: ffurfio haen o fetel arall ar wrthrych metel drwy broses electrolysis.

Gwaddod: solid anhydawdd sy'n ffurfio pan fydd dau hydoddiant dyfrllyd yn adweithio.

Hydoddyn: cemegyn sy'n cael ei hydoddi mewn hydoddydd i ffurfio hydoddiant.

Ïon: gronyn â gwefr drydanol sy'n cynnwys nifer gwahanol o brotonau ac electronau.

Mwyn: craig neu sylwedd sy'n cynnwys cyfansoddyn metel.

Sylwedd pur: sylwedd sy'n cynnwys un cemegyn yn unig.

Tanwydd: cemegyn sy'n cael ei ddefnyddio, bron ym mhob achos, i ryddhau egni gwres mewn adweithiau cemegol (adweithiau hylosgi fel arfer).

Titr: cyfanswm cyfaint yr hydoddiant yn y fwred y mae angen ei ychwanegu i gynhyrchu hydoddiant niwtral.

Trochion sebon: haen o swigod sebon sy'n ffurfio ar ben y dŵr.

Ffiseg

Anwythiad electromagnetig: foltedd yn cael ei anwytho pan mae'r maes magnetig o amgylch gwifren yn newid.

Buanedd terfynol: y buanedd uchaf posibl mae gwrthrych yn gallu disgyn drwy hylif neu nwy; mae hyn yn digwydd pan mae'r llusgiad yn hafal i'r pwysau.

Cerrynt: llif gwefr drydanol; maint y cerrynt trydanol yw cyfradd llif y wefr drydanol; rydyn ni'n ei fesur mewn amperau (A).

Cerrynt eiledol (c.e.): cerrynt sy'n newid cyfeiriad yn gyson.

Colyn: y pwynt byddai'r gwrthrych yn cylchdroi o'i amgylch.

Coulomb: yr uned ar gyfer mesur gwefr; mae gwefr fach iawn gan bob electron sef -1.6×10^{-19} C.

Cydraniad: y maint lleiaf posibl mae offeryn mesur yn gallu ei fesur sy'n dangos newid gweladwy yn y darlleniad.

Cyfeiliornad paralacs: wrth edrych ar wrthrych rydych chi'n ei ddefnyddio i fesur gwerth, gall edrych fel pe bai mewn safle gwahanol i'w safle gwirioneddol oherwydd eich llinell gweld.

Cyflymder: cyflymder gwrthrych yw ei fuanedd i gyfeiriad penodol; er enghraifft, 3 m/s i'r chwith.

Cyflymiad: cyfradd newid cyflymder.

Deddf Ohm: mae'r cerrynt sy'n llifo drwy wrthydd ar dymheredd cyson mewn cyfrannedd union â'r foltedd ar draws y gwrthydd.

Ecwilibriwm: cyflwr lle mae system yn gytbwys.

Estyniad: y gwahaniaeth rhwng hyd sbring wedi'i estyn a'i hyd heb ei estyn.

Foltedd (gwahaniaeth potensial, g.p.): ffordd o fesur y gwaith sy'n cael ei wneud, neu'r egni sy'n cael ei drosglwyddo i gydran, gan bob coulomb o wefr sy'n mynd drwyddi; rydyn ni'n ei fesur mewn foltiau (V).

Hanner oes: yr amser mae'n ei gymryd i actifedd sampl o ddefnydd ymbelydrol leihau i hanner ei faint.

Moment (grym): effaith troi'r grym.

Newidydd: dyfais sy'n cynyddu (codi) neu'n lleihau (gostwng) y foltedd sy'n cael ei gyflenwi iddi.

Normal: llinell sy'n berpendicwlar (ar ongl o 90 gradd) i gyfeiriad y saeth grym.

Techneg dadleoli: techneg sy'n canfod cyfaint gwrthrych drwy fesur cyfaint y dŵr sy'n cael ei ddadleoli (ei wthio i fyny neu ei symud) gan y gwrthrych.